Histoires et Savoirs

natur, wissenschaft und die künste
nature, science et les arts
nature, science and the arts

Volume 11

PETER LANG
Bern · Berlin · Bruxelles · Frankfurt am Main · New York · Oxford · Wien

Frédérique Aït-Touati & Anne Duprat (éds)

Histoires et Savoirs

Anecdotes scientifiques et sérendipité aux XVIe et XVIIe siècles

PETER LANG
Bern · Berlin · Bruxelles · Frankfurt am Main · New York · Oxford · Wien

Information bibliographique publiée par «Die Deutsche Nationalbibliothek»
«Die Deutsche Nationalbibliothek» répertorie cette publication dans la «Deutsche Nationalbibliografie»; les données bibliographiques détaillées sont disponibles sur Internet sous ‹http://dnb.d-nb.de›.

Cet ouvrage a été publié avec le concours du Centre de Recherches en Littérature Comparée (Paris-Sorbonne) et du Balzan Project (St John's College, Oxford).

Cover design: Thomas Jaberg, Peter Lang AG

ISBN 978-3-0343-0599-0 br.   ISBN 978-3-0351-0476-9 eBook

Hochfeldstrasse 32, CH-3012 Berne, Suisse
info@peterlang.com, www.peterlang.com

Imprimé en Suisse

Table des matières

Introduction

F. AÏT-TOUATI ET A. DUPRAT

« Nicolas Flamel, Parisien, [...] de pauvre escrivain qu'il estoit, & ayant trouvé en un vieil livre une recepte métallique qu'il esprouva fut l'un des plus riches de son temps, temoings en sont les superbes bastiments qu'il a faicts au cemetiere S. Innocents, à Saincte Geneviefve des ardens, à S. Jaques de la Boucherie, où il est en demy relief, avec son escritoire au costé, & le chaperon sur l'espaule estimé riche luy & sa Perronelle (c'estoit sa femme) de quinze cens mille escus, outre les aumosnes & dotations immenses qu'il feist »

Noël du Fail, 1578, Préface du *Demosterion* de R. Le Baillif[1]

« Je comprends parfaitement votre *serendipity*. Cela a dû arriver à chacun, alors qu'il cherchait une chose particulière, de voir s'en produire d'autres de plus grande importance. Combien de découvertes utiles, par exemple la quête de la pierre philosophale n'a-t-elle pas produites, que l'étudiant ne cherchait certainement pas à trouver ! N'est-ce pas de la *serendipity* ? »

Horace Mann à H. Walpole, 1754[2]

« Je ne suis pas bien sûr que l'art de faire de l'or ou la vie éternelle aient été découverts – mais combien de nobles inventions ont été mises au jour parce qu'on cherchait ces moyens miraculeux ! Pauvre Chimie, si elle n'avait eu d'aussi glorieuses motivations devant les yeux ! »

H. Walpole à Hannah More, 1789[3]

Au sein des interrogations qui portent depuis une vingtaine d'années sur le rôle joué par la narration dans l'évolution des modes d'exposition et de différenciation des savoirs en Europe, de la Renaissance aux Lumières, le statut de ce que l'on appelle aujourd'hui l'anecdote dans le discours des sciences

1 Cité par D. Kahn (éd.), *Nicolas Flamel – Écrits alchimiques*, Les Belles Lettres, coll. « Aux Sources de la Tradition », 1993, p. 107-108.

2 Lettre de Horace Mann à Walpole, trad. Dominique Goy-Blanquet, in *Les Aventures des trois princes de Serendip*, de Louis de Mailly (1657-1724), suivi de *Voyage en sérendipité* par D. Goy-Blanquet, M-A. Paveau et A. Volpilhac, Les Editions Thierry Marchaisse, Paris, 2011, p. 219.

3 *Horace Walpole's Correspondance*, XXXI, p. 325, cité par P. van Andel et D. Bourcier, *De la sérendipité dans la science, la technique, l'art et le droit. Leçons de l'inattendu*, L'acte Mem, 2009, p. 28. Nous traduisons.

semble faire l'objet d'un questionnement nouveau. C'est pourquoi le présent ouvrage, tout en proposant une approche littéraire et comparatiste du phénomène[4], prend acte de l'attention qu'une certaine histoire sociale des sciences apporte à ces micro-récits[5].

L'anecdote scientifique apparaît en effet prise entre deux mouvements caractéristiques de l'évolution des rapports entre savoir et narration à la fin de la première modernité. D'un côté le récit circonstancié, en particulier sous la forme du compte rendu d'expérience, prend une place de plus en plus reconnue dans les protocoles de reconnaissance et de diffusion du savoir, jusqu'à occuper parfois tout l'espace du texte scientifique, où il participe à l'avènement d'un ordre du fait. De l'autre en revanche le récit court – exemple lettré ou observation présentée comme originale – traditionnellement inséré dans le discours des sciences sous la forme d'une digression instructive, autorisant le passage d'un propos particulier à l'ordre d'une vérité universelle, n'est pas épargné par la crise générale de l'exemplarité qui marque l'historiographie à la fin de la Renaissance. Bien que toujours nécessaire à l'accréditation sociale et culturelle d'un résultat, la preuve par l'exemple perd progressivement sa valeur heuristique, dans le discours des sciences comme dans celui de la philosophie ou de l'histoire.

Or l'anecdote au début de la modernité ne fait pas encore l'objet d'une définition endogène, contrairement à l'*exemplum* proprement dit, à l'enthymème ou encore à la comparaison. L'étude de Karine Abiven la situe ainsi dans une constellation de formes brèves, pour la plupart héritées de la rhétorique, et souligne à la fois la plasticité et le rôle qu'elle a pu jouer au sein d'un discours scientifique qui cherche alors sa forme et ses genres. De son côté, Richard

---

4 Ce volume s'inscrit dans une série d'enquêtes portant sur le rôle joué par les anecdotes dans l'évolution de différents champs de savoir entre le XVIe et le XVIIe siècle : François Lecercle (dir.) *L'Anecdote dans les traités démonologiques*, Genève, Droz, 2012 ; François Lecercle, Sophie Marchand, Zoé Schweitzer (dir.), *Anecdotes dramatiques. De la Renaissance aux Lumières*, Paris, PUPS, 2012 ; François Lecercle, Emmanuelle Hénin et Lise Wajeman (dir.), *La théorie subreptice, III. Anecdotes picturales de la Renaissance aux Lumières*, Turnhout, Brepols, 2010 ; Guillaume Navaud (dir.), *Anecdotes philosophiques et théologiques*, Paris, PUPS, (à paraître).

5 Voir par exemple Peter Dear, « Narrative, anecdotes and experiments: turning experience into science in the 17th century », in *The literary structure of scientific argument : historical studies*, éd. Peter Dear, Pennsylvania University Press, Pennsylvania, 1991 ; Joel Fineman, « The History of the *Anecdote*: Fiction and Fiction », in *The New Historicism*, éd. H. Aram Veeser, Routledge, New York and London, 1989, pp. 49-76 ; Stephen Greenblatt, *Marvellous Possessions : The Wonder of the New World*, Clarendon Press, Oxford, 1990 ; Howard Marchitello, *Narrative and Meaning in Early Modern England*, Cambridge University Press, 1997.

Scholar souligne l'importance des « circonstances » qui distinguent, dans sa forme comme dans ses fonctions discursives, l'anecdote de l'*exemplum*.

Née de ces figures, et liée de plus en plus étroitement au récit d'expérience qu'elle contribue à modeler, l'anecdote scientifique se trouve ainsi prise tout au long de la période considérée ici entre la critique épistémologique et religieuse de l'empirisme naissant et celle des dimensions rhétoriques et morales du discours de connaissance traditionnel. Elle en révèle d'ailleurs les enjeux, au-delà de la période étudiée : ce n'est pas un hasard si le renouveau d'attention qu'elle suscite aujourd'hui fait également suite à une réévaluation majeure du rôle joué par l'évolution des styles et des modes de narration dans une histoire sociale des sciences[6].

Mais au-delà de ses liens avec l'exemple d'un côté et avec le récit d'expérience de l'autre, ce que l'anecdote revendique pour elle seule, c'est la présentation du fait singulier dans son insignifiance paradoxale. L'an-ecdote, comme ce qui n'a pas été jugé digne d'être publié, peut à ce titre devenir le point de départ d'une reconfiguration des savoirs. Les anecdotes ne participent-elles pas, dans les termes de S. Greenblatt, du « registre essentiel de l'inattendu, et par suite, de la rencontre avec la différence[7] » ? C'est la raison de leur succès dans le domaine des récits de voyage, où leur force réside alors dans leur capacité à procurer au lecteur le choc de l'inconnu, la fascination de l'imprévisible et la séduction du discontinu. C'est aussi ce qui explique leur fortune grandissante, au XVIIe siècle, au sein d'une science qui se veut résolument nouvelle, dans ses objets, ses méthodes, ses modes d'exploration et de diffusion. C'est enfin, et surtout, ce qui fait de l'anecdote à son tour l'espace d'une prise de distance du texte scientifique par rapport à lui-même, et d'une réflexion sur les différents modes de la découverte, sur l'efficacité, la pérennité ou la caducité des protocoles de connaissance qu'il contribue à reconfigurer, et sur leur insertion dans une histoire générale des sciences.

---

6 Voir notamment Steven Shapin et Simon Schaffer, *Leviathan and the air-pump : Hobbes, Boyle, and the experimental life*, Princeton UP, Princeton, 1985, ainsi que l'ouvrage de Christian Licoppe, *La formation de la pratique scientifique. Le discours de l'expérience en France et en Angleterre (1630-1682)*, La Découverte, Paris, 1996. Sur l'importance du récit dans la construction du savoir, on consultera C. Cherpack, *Logos in Mythos : Ideas and Early French Narrative*, French Forum, Lexington, 1983 ; C. Nash, *Narrative in culture: the uses of storytelling in the sciences, philosophy and literature*, Routledge, London and New York, 1990 ; A. Welsh, *Strong Representations: Narrative and Circumstantial Evidence in England*, John Hopkins University, 1992 ; F. Aït-Touati, *Contes de la Lune. Essai sur la fiction et la science modernes*, Gallimard, Paris, 2011.

7 Stephen Greenblatt, *Marvellous Possessions, op. cit.*, pp.2-3.

Logique anecdotique et fictionnalité

Ainsi, la fortune exceptionnelle qu'a connue l'anecdote, racontée ici par Noël du Fail, de la découverte de la pierre philosophale par Nicolas Flamel montre bien le rôle structurant qu'ont pu jouer ces micro-récits secondaires dans l'écriture d'une telle histoire. C'est en effet le premier exemple, parce qu'il est le plus canonique, d'invention due au hasard qui vient à l'esprit de Mann, lorsqu'Horace Walpole lui présente le nouveau concept qu'il a lui-même tiré de sa lecture du conte des *Trois princes de Serendib*. De fait, pas de sérendipité sans anecdote. Si le processus de découverte qu'imagine Walpole n'est pas encore, dans sa formulation de 1754, le paradigme épistémologique proprement dit (le *serendipity* pattern) qu'en fera en 1948 Robert Merton[8], il repose déjà sur une forme particulière d'écriture de la preuve, puisqu'il consiste à articuler un récit nécessairement secondaire – la survenue d'un événement imprévu dans la vie d'un observateur indifférent – avec la saisie par cet observateur du caractère signifiant de cet événement et des circonstances qui l'ont produit. Et c'est cette saisie qui aboutit, par abduction, à la reconfiguration d'une théorie.

L'exemple de l'invention de la pierre philosophale ne se présente pas à l'esprit de Mann par hasard : reconfigurer la science, c'est aussi la construire en dehors, ou à côté des procédures admises de la connaissance. L'alchimie, comme science ésotérique et hétérodoxe, apparaît dès sa naissance comme l'emblème d'une telle contestation, dans la mesure où elle se construit en résistance aux deux principaux modes de contrôle des savoirs au seuil de la modernité : celui auquel se livrent les autorités ecclésiastiques et politiques dans le contexte de la Contre-Réforme, mais également leur mise en ordre par les tenants de la science nouvelle, de Mersenne à Descartes.

C'est pourquoi l'intérêt particulier du choix fait par Mann réside dans le caractère fictionnel de l'anecdote en question. Le caractère topique du récit lui-même – découverte fortuite par un « pauvre » libraire parisien à l'occasion de la reliure d'un autre livre, du mystérieux manuscrit donnant le secret du grand œuvre, et qui fera sa fortune lorsqu'il en aura compris le sens – signalait d'emblée son appartenance à l'historiographie alchimiste[9], et Noël Du Fail lui-même, devant le succès de l'anecdote, en avait mis en doute

8 « The Bearing of Empirical Research on Sociological theory » [1949], repr. dans *Social Theory and social structure*, New York, Free Press, 1968.

9 Voir R. Halleux, « Le Mythe de Nicolas Flamel ou les mécanismes de la pseudépigraphie alchimique », *Archives internationales d'histoire des sciences*, Oxford, 1983, vol. 33, n° 111, pp. 234-255, et D. Kahn, « Recherches sur l'alchimie française des XVe, XVIe et XVIIe siècles », *Chrysopœia*, Archè, n° 5 (1992-1996).

dès 1585 la véracité[10]. Le polygraphe l'avait en effet introduit dans la préface d'un traité paracelsien, à la suite d'une série paradigmatique de guérisons miraculeuses opérées par le célèbre médecin, comme un classique exemple de rencontre profitable faite par hasard. En quelques années, la nouvelle alchimie en quête de figures tutélaires avait extrait l'exemple de son contexte rhétorique, pour en faire le récit fondateur de l'alchimie moderne, lors de la parution à Paris en 1612 des *Trois traitez de la philosophie naturelle* dans lesquels se trouve inclus le fameux texte – peut-être dû à Béroalde de Verville – des *Figures hierogliphiques de Nicolas Flamel.* Au cours du XVIIe siècle, l'anecdote constamment reprise en France comme en Allemagne, en Flandre et en Angleterre apparaît presque toujours accompagnée, comme chez Pierre Borel, Henri Sauval, Monfaucon de Villars, Fontenelle ou Montesquieu d'un jugement sur la fausseté ou la véracité du fait qu'elle évoque, menant à une discussion sur la validité des propositions et des résultats de la science elle-même. Lorsqu'ensuite le pouvoir de conférer la vie éternelle vient s'ajouter, parmi les propriétés de la pierre philosophale, à celui de transmuer le métal en or, le corpus des histoires liées à la vie ou plutôt à la survie de son inventeur s'enrichit de nouvelles anecdotes – l'alchimiste est ainsi aperçu à Constantinople, à l'Opéra, rue Royale à Versailles...[11] – en même temps qu'ils la font basculer du côté de la fiction.

L'anecdote est ainsi le lieu privilégié d'une réflexion sur l'évolution de la frontière entre vraie et fausse science, en tant que celle-ci se superpose à la différence entre récit fictionnel et récit de faits. C'est bien parce qu'en 1754 la dénonciation du caractère légendaire des croyances qui ont accompagné la constitution du corpus de la science alchimique est devenu un lieu commun, que Mann propose à Walpole la quête de la pierre philosophale comme prototype de la démarche scientifique fructueuse. La valeur heuristique du récit reste, même lorsque l'objet de la découverte est devenu caduc, et appartient à un passé de l'histoire des sciences. Walpole lui-même, revenant des années plus tard sur la réflexion faite par Mann, achève le propos en désignant explicitement la « noble quête » en question comme responsable, en raison et non en dépit de sa vanité, des principales inventions de la chimie moderne.

Le divertissement narratif introduit dans le discours de savoir par l'anecdote permet donc une reconfiguration du partage entre littérature et science, mais aussi entre le vrai et le faux, entre l'essentiel et l'accessoire, entre l'objet de la recherche et les moyens de celle-ci, enfin entre le savoir lui-même et son exposition. L'exemple du récit d'invention fortuite le

10 *Contes et Discours d'Eutrapel* (1585), cit. par Kahn, p. 106.
11 D'après A. Poisson *Nicolas Flamel : sa vie – ses fondations – ses œuvres* Paris, 1893, p. 110.

montre bien : en déplaçant les structures du récit de découverte, l'anecdote modifie le protocole de connaissance lui-même. La définition de la sérendipité place la logique anecdotique au cœur de celui-ci, en reconnaissant dans cette forme particulière de narration plaisante l'instrument littéraire indissociable d'une méthode en même temps que d'un discours scientifiques.

De l'anecdote curieuse à l'anecdote expérimentale

De même, en suivant la reprise et la transformation d'anecdotes surprenantes et curieuses dans divers ensembles textuels, dans la perspective des travaux de Lorraine Daston sur l'évolution de l'usage des « *strange facts* », entre le XVIe et le XVIIIe siècle[12], plusieurs des études rassemblées ici proposent de rendre compte des modifications profondes que subit aussi bien la pratique que l'écriture de la science au moment de l'avènement de la philosophie expérimentale.

En retraçant l'évolution des technologies littéraires traditionnellement mises en œuvre par le discours des sciences, nombre d'entre elles font en effet apparaître le lien étroit qu'établissent les philosophes naturels entre ces dispositifs narratifs et leurs technologies instrumentales, dans le cadre des transformations profondes que subit alors l'écriture de la preuve. L'anecdote en surgissant dans le discours savant y imprime avant tout la marque du factuel : par sa singularité et son étrangeté, elle fait signe vers le réel. Dans le contexte d'une écriture de l'expérience, tout se passe donc comme s'il suffisait, pour rendre compte de la force des faits, de présenter l'anecdote et sa vérité, qui reste inassignable, non problématique et immédiatement saisissable. Cette postulation de l'anecdote comme « objet trouvé » (Greenblatt), ou comme « pièce détachée » (Daston) rejoint la rugosité factuelle du « *matter of fact* » et la parcellisation du savoir qui caractérise l'histoire naturelle alors en construction.

Marques d'un état provisoire du savoir, les anecdotes affichées du discours scientifique classique disent donc tout d'abord l'humilité d'une science

12 Daston, Lorraine et Katharine Park, « Unnatural Conceptions : The Study of Monsters in Sixteenth- and Seventeenth-Century France and England », *Past and Present*, 92, 1981, p. 21-54; « Baconian Facts, Academic Civility, and the Prehistory of Objectivity », *Annals of Scholarship*, 8, 1991, p. 337-63, et « Strange Facts, Plain Facts, and the Texture of Scientific Experience in the Enlightenment », in *Proof and Persuasion: Essays on Authority, Objectivity, and Evidence*, éd. S. Marchand and E. Lunbeck, Brepols, Turnhout, 1996, p. 42-59.

qui donne à voir son statut inachevé, fragmentaire et contingent. Ce n'est pas par hasard si l'on retrouve là les trois caractéristiques de ces discours récemment mises en valeur par l'historiographie anglo-saxonne des sciences. En contraste avec le discours triomphaliste et téléologique de l'avènement du rationalisme cartésien au XVIIe siècle, elles mettent en lumière le développement tâtonnant d'une science dont les « *matters of fact* » sont présentés comme les éléments discontinus, produits de la progression contingente d'une exploration toute humaine. Avant de construire le mythe de la science telle que nous le connaissons aujourd'hui, l'anecdote a ainsi servi de laboratoire minuscule pour l'écriture savante.

On connaît cependant l'enjeu épistémologique de cette évolution, qui conduit une écriture du fragment à imposer peu à peu la logique du fait contre celle de la théorie. A ce titre, le développement de l'anecdote au cours du XVIIe siècle s'inscrit bien dans l'un des « grands récits » de l'historiographie scientifique moderne : celui de la promotion de la science expérimentale. De là l'intérêt d'interroger l'effet complexe que produit dans ces discours la multiplication des anecdotes, qui substituent à l'enchaînement hypothético-déductif des propositions le surgissement de l'inouï, de l'inclassé, et de l'inexpliqué dans l'exposition du savoir.

Cet effet apparaît étroitement lié à la valorisation tout d'abord esthétique et sociale, puis épistémologique de la curiosité. Dès le début du XVIIe siècle la stylistique de l'anecdote curieuse, qui a pour elle la politesse de la gratuité, récupère à son profit une partie de la faveur perdue notamment dans les milieux mondains par la rhétorique de l'exemple. Suggestive plus qu'explicative, propice à la pointe et à la chute brillante[13], capable d'induire des rapprochements inattendus entre plusieurs aspects éloignés de la réalité, le récit court fait bénéficier l'exposé scientifique de sa force évocatrice et mnémotechnique tout en épargnant au lecteur mondain visé par le discours le poids du jargon. Condamnable dans une conception augustinienne de la connaissance pour sa frivolité et sa vanité, la curiosité qui l'inspire apparaît en retour comme le signe positif du désintéressement aristocratique de l'obser-

13 Comme l'explique Jan Golinski : « Les essais expérimentaux de Boyle étaient narratifs et non strictement méthodologiques, suggestifs, et non conclusifs et démonstratifs, au sens où ils incluaient des détails personnels et circonstanciels qui ne seraient plus jugés comme pertinents par de nombreux savants après lui. » J. Golinski, « Robert Boyle: scepticism and authority in seventeenth-century chemical discourse », in Andrew Benjamin, Geoffrey Cantor and John Christie, *The Figural and the Literal: Problems of Language in the History of Science and Philosophy, 1630-1800*, Manchester University Press, Manchester, 1987, p. 64.

vateur mis en scène dans l'anecdote[14]. C'est ce désintéressement qui garantit en retour l'intérêt scientifique de découvertes qu'aurait manqué de faire l'observateur uniquement préoccupé du profit matériel qu'il pourrait tirer de sa connaissance[15]. Vers la fin du siècle, l'anecdote et l'anecdotique deviennent ainsi la marque d'une science polie, dont l'exposé non seulement ne sépare pas l'observation elle-même de l'événement civil qu'elle constitue dans la vie de son observateur, mais souligne le caractère innovant de celle-ci en mettant en valeur l'apparente inutilité du fait qu'elle a permis de mettre au jour.

Or au cours de la même période l'anecdote, en tant que récit d'événement singulatif, s'identifie de plus en plus à la nouvelle modalité des récits d'expérience mobilisés par l'écriture scientifique. De l'anecdote encyclopédique, partie prenante dans une économie de la curiosité typique de la période baroque, on passe à un nouveau type d'anecdotes, qui raconte non pas une simple observation mais une expérience. Cette modification, commentée notamment par V. Giacomotto à propos de la pratique de Cardan, témoigne d'une évolution signifiante : « à l'échelle de l'ouvrage, l'insertion anecdotique a une fonction épistémique et méthodologique, mais elle a aussi un rôle sémiotique : elle fait signe au lecteur en rappelant ce qui fonde la méthode scientifique de l'auteur et comment lui-même est parvenu à ses conclusions » (p. 71).

Ainsi, tandis que l'étude de la nature se fondait traditionnellement, dans une perspective aristotélicienne, sur l'observation du cours *normal* des choses, l'entreprise baconienne telle qu'elle sera reprise ensuite en France et en Angleterre pendant tout le XVIIe siècle propose de collectionner une mul-

---

14 Le terme de « curieux », dans l'usage qu'en fait la philosophie naturelle à la fin du XVIIe siècle, en particulier en France, finit ainsi par désigner pratiquement le contraire d'« utile », soulignent L. Daston et K. Park (*Wonders and the Order of Nature*, Zone Books, New York, 1998, p. 309-310).

15 Voir L. Daston et K. Park, *ibid.* : « Alors que des moralistes antérieurs, dans la tradition augustinienne, avaient critiqué sans relâche la frivolité et la futilité de la curiosité, bien inutile aux nécessités de la vie quotidienne et au salut de l'âme, les écrits renaissants sur les passions associaient l'inutilité de la curiosité et le désintéressement louable. Le naturaliste français Pierre Belon opposait le comportement pratique du marchand à celui du curieux en pays étranger : le premier se préoccupe uniquement du meilleur usage de son argent pour acheter et vendre sa marchandise, quand le second observe des « singularités infinies » n'ayant aucune utilité évidente. Thomas Sprat soulignait cette indifférence du curieux face au gain personnel quand il notait que les hommes de bonne condition prédominaient parmi les membres de la Royal Society. Dans son histoire des premières décennies de l'Académie Royale des Sciences de Paris, Fontenelle attribuait l'échec des philosophes grecs anciens à découvrir les secrets de l'aimant à leur dédain pour ‹une curiosité apparemment inutile› », p. 309-310. Nous traduisons.

titude de faits expérimentaux singuliers. P. Dear soulignait les conséquences de cette inversion sur la constitution de l'autorité scientifique elle-même, qui se détache de la généralisation d'un état de faits pour promouvoir l'observation singulière comme fondement de la connaissance[16]. M. Jourde montre ici que dès le XVIe siècle l'anecdote animalière, quoique compatible avec la science aristotélicienne, introduit dans l'histoire naturelle une dimension herméneutique qui lui est propre : « telle que la pratiquent les naturalistes du XVIe siècle », celle-ci, dit-il, « emprunte à l'*exemplum* l'idée d'un témoignage narratif ancré dans l'expérience et à portée didactique ou édifiante, mais elle marque aussi le refus de subordonner la description (*historia*) de l'animal à un discours moral » (p. 46). De même, B. Basset met en évidence, dans son étude des reprises par Cardan et Arnaud Sorbin de l'histoire prodigieuse du bélier unicorne, tirée de la *Vie de Périclès* par Plutarque, la capacité de résistance que déploie l'anecdote, comme structure de pensée à valeur heuristique, au processus de normalisation rhétorique dont elle fait l'objet.

L'évolution subie au cours du XVIIe siècle par l'histoire naturelle fait de celle-ci un vaste recueil d'histoires d'interventions sur la nature, et non seulement d'observations de celle-ci. L'étude consacrée par F. Aït-Touati à *Micrographia* de Robert Hooke (1665) montre comment l'anecdote, en tant qu'elle sert moins à visualiser et à animer l'objet observé qu'à construire l'ethos de l'observateur, mis en scène dans sa gestuelle et sa procédure expérimentale, contribue alors à la théâtralisation de ces protocoles nouveaux. Ainsi, les comptes rendus de Rohault ou de l'Académie Royale des sciences se remplissent de descriptions d'expériences spectaculaires, destinées au divertissement d'un auditoire mondain[17], mais aussi à l'accréditation des résultats présentés. Anecdote circonstanciée et prolixité graphique constituent ainsi

---

16 « L'autorité traditionnelle était ancrée dans l'usage des textes, ceux d'Aristote en premier lieu, comme véhicules privilégiés de la discussion philosophique, et l'expérience apparaissait sous la forme d'une formulation généralisée des faits, son rôle étant dicté par la structure d'ensemble du discours. En revanche, quand un membre de la Royal Society utilisait l'expérience, il fournissait un compte rendu d'un événement singulier, indépendant du contexte conceptuel d'un ancien texte. Dans ces comptes rendus, l'opérateur ou l'observateur (les deux étaient équivalents) était central à l'épisode raconté – car il y avait des épisodes. Situé, explicitement ou implicitement, en un point précis de l'espace et du temps, l'expérience d'un phénomène unique, rapportée par l'observateur, constituait son autorité. Newton eut recours à la fabrication d'un événement afin de conférer de l'autorité à ses théories optiques. » Peter Dear, « *Totius in Verba* : Rhetoric and Authority in the Early Royal Society. » *ISIS*, no. 76 (1985): 145-61, p 159. Nous traduisons.

17 Geoffrey Sutton, *Science for a Polite Society: Gender, Culture, and the Demonstration of Enlightenment*, Westview Press, Boulder and Oxford, 1995.

la nouvelle rhétorique de la science, et font de l'observateur ingénieux le héros de la scène expérimentale.

En mettant au centre de l'exposé le sujet intervenant comme sujet de l'observation, l'anecdote prend part non seulement aux procédures qui déterminent l'acceptabilité sociale et intellectuelle d'un résultat ; plus particulièrement elle participe, en France comme en Italie et en Angleterre, à la promotion de la science expérimentale comme telle. A. Tadié, commentant la place de l'anecdote dans la structure argumentative du *Sylva Sylvarum*, souligne l'importance de celle-ci dans la refonte des protocoles de connaissance que suggère Bacon. Celui-ci, écrit-il, « ne perd jamais de vue que la justification philosophique de la réforme qu'il propose tient dans le contact avec la nature que permet l'expérience – entendue ici comme processus de connaissance, et non comme observation ordinaire et quotidienne. » (p. 114).

L'essor de l'anecdote scientifique s'accompagne alors d'une inversion progressive au cours du XVIIe siècle du rapport d'explication et de démonstration qu'elle entretient avec le discours théorique dans lequel elle s'insère. L'effet de surprise provoqué par le divertissement anecdotique s'inscrit au départ dans une esthétique de l'émerveillement théologique ou ésotérique, dans laquelle le petit fait singulier et incompréhensible signale la vanité du discours humain à rendre compte d'un monde foncièrement énigmatique. Au XVIIIe siècle au contraire, ce rapport entre narration et description apparaît modifié : dans la mesure où elle débouche sur le récit du remplacement d'une théorie erronée ou insuffisante par une explication juste, l'anecdote scientifique comme procédé disruptif se fait l'instrument d'une *explication* de la nature, avant de devenir, au XIXe siècle, l'outil principal d'une vulgarisation positiviste de l'histoire des sciences.

Dès 1719, la reprise par Louis de Mailly dans *Le Voyage et les aventures des trois princes de Serendip* des différents contes exploités au début du XVIIe siècle par *l'Histoire véritable, ou Voyage des princes fortunés de* Béroalde de Verville illustre bien cette transformation. Dans le traité de 1610 chacun des mystères que rencontrent les princes au cours de leurs « Entreprises » successives venait s'inscrire dans une description elle-même codée, « stéganographique », d'un monde chiffré. Celle-ci n'engage son lecteur dans la voie de l'exégèse alchimique /allégorique/ anamorphique que pour lui montrer l'insuffisance non seulement d'une interprétation littérale du récit, mais de toutes les autres également : le monde que parcourent les princes est constitutivement énigmatique. De ce parcours, le conte philosophique de Louis de Mailly fait au contraire un itinéraire vers le sens ; le désordre dans lequel le hasard des événements présente les objets à la vue des princes avisés s'y révèle l'allié du processus de connaissance, car il permet au sujet de se déprendre de son erreur pour reconstruire une théorie juste de la nature et des événements qui s'y produisent.

Le petit fait vrai entre historème et théorème

« Comme forme littéraire particulière, l'anecdote engage une intégration spécifiquement historiographique de l'événement et du contexte. L'anecdote, comme narration d'un événement singulier, est la forme ou le genre littéraire qui se réfère exclusivement au réel [...] Cela nous rappelle qu'il y a quelque chose dans l'anecdote qui dépasse son statut littéraire, et ce dépassement est précisément ce qui donne à l'anecdote son accès précis, référentiel au réel. » On peut ainsi parler de l'anecdote, conclut J. Fineman, comme de « la plus petite unité de fait historiographique » possible[18]. Cette définition de l'anecdote identifie donc l'enjeu cognitif aussi bien que l'intérêt pragmatique de son insertion dans le discours scientifique. Maillon narratif hétérogène dans la chaîne du savoir tel que la déroule l'exposé, elle est à la fois théorème et historème. L'explication de son double statut, une fois la parenthèse refermée, est l'occasion pour l'auteur du discours de montrer le supplément de sens qu'elle y apporte, mais aussi de mettre fin à ce détour narratif, et de circonscrire ainsi la part du récit dans l'exposé théorique en lui assignant des fonctions bien précises : explicative, axiomatique ou méta-théorique, mais aussi mémorielle.

C'est sans doute dans cette dernière fonction que se révèle le mieux le rôle joué par l'anecdote biographique, qui se trouve alors directement impliquée dans l'articulation labile, et propre à la période, entre histoire et philosophie naturelle.

De l'ambiguïté du rôle que peut jouer l'anecdote dans l'écriture d'une telle histoire, l'œuvre de Fontenelle témoigne particulièrement bien : son entreprise historiographique distingue deux formes de cette écriture. D'un côté en effet sa pratique est celle d'une chronique qu'il nomme précisément « l'histoire anecdote des sciences ». Elle consiste à se tenir informé de la vie quotidienne de l'activité scientifique, et à « tâcher d'apprendre les nouvelles les plus fraîches des Mathématiciens, leurs vues particulières, leurs projets d'Ouvrages, leurs Réflexions sur ce qui paraissait au jour[19]» – enregistrant

18 Fineman, *The History of the Anecdote*, *op. cit.*, 56-57.

19 Fontenelle, *Œuvres complètes*, coll. « Corpus des œuvres de philosophie en langue française », 7 vol., Paris, Fayard, 1990-1996, vol. VI, 475.

les événements, petits et grands, de la vie scientifique contemporaine. Le recueil d'anecdotes en lui-même n'est cependant considéré que comme la première étape d'un récit qui s'inscrirait, lui, dans le temps long, et serait alors « une des plus agréables histoires, et sans doute la plus philosophique, [...] celle des progrès de l'esprit humain[20]».

De fait, ce qui était à l'horizon de l'entreprise de Bacon était bien le passage des unités singulières que constituent ces « histoires naturelles » que sont par exemple les anecdotes animalières évoquées par M. Jourde, à une philosophie naturelle qui les relierait entre elles, ferait sens de leur accumulation, et constituerait en théorie en même temps qu'en histoire le corps uni et harmonieux qu'elles formeraient alors. De cette transformation, Fontenelle se fait l'un des premiers ouvriers, à l'aube du XVIIIe siècle. L'anecdote trouve, dans l'intervalle, sa place dans la construction d'une histoire des sciences légendaire, fondée sur les actions des grands hommes – Galilée pour Fontenelle, Newton pour John Aubrey, etc. – , dans laquelle elle prend alors le relais traditionnellement dévolu à l'exemple et à l'apophtegme comme instrument de définition et de célébration des formes successives du génie.

Particulièrement signifiants, dans cette perspective, sont bien sûr les récits mettant en scène cette succession, dans la *reconnaissance* inattendue par le philosophe d'une correspondance ignorée jusque-là entre deux phénomènes, et surtout entre deux pensées. Le récit que fait ainsi Fontenelle dans les *Eloges* de l'émotion du jeune Malebranche découvrant le *Traité de l'homme* de Descartes, resté inédit jusqu'en 1664, illustre bien l'évolution que subissent, de Montaigne à Voltaire, les formes de transmission de l'autorité scientifique :

> Un jour comme il passait par la rue Saint Jacques un libraire lui présenta le Traité de l'Homme de M. Descartes, qui venait de paraître. Il avait 26 ans, et ne connaissait Descartes que de nom, et par quelques objections de ses Cahiers de Philosophie. Il se mit à feuilleter le livre, et fut frappé comme d'une lumière qui en sortit toute nouvelle à ses yeux. Il entrevit une Science dont il n'avait point d'idée, et sentit qu'elle lui convenait. La Philosophie Scholastique, qu'il avait eu tout le loisir de connaître, ne lui avait point fait en faveur de la Philosophie en général l'effet de la simple vue d'un Volume des Descartes, la sympathie n'avait point joué, l'unisson n'y était point, cette Philosophie ne lui avait point paru une Philosophie. Il acheta le livre, le lut avec empressement, et ce qu'on aura peut-être peine à croire, avec un tel transport, qu'il lui en prenait des battements de cœur, qui l'obligeaient quelquefois d'interrompre sa lecture.[21]

20 Fontenelle, *op. cit.*, *ibid.*, 172.
21 Fontenelle, *op. cit.*, *ibid.*, 338-339.

Le bref moment vécu que saisit l'anecdote est donc celui de la révélation d'un rapport de sympathie entre deux philosophies, qui apparaît alors plus essentiel à la concaténation des pensées dans le temps que l'articulation logique des objections et de leurs réponses. Ainsi le micro-récit encomiastique permet-il le passage de la chronique anecdotique des sciences à l' « histoire générale des progrès de l'esprit humain » que Fontenelle appelle de ses vœux, sur le plan tout d'abord d'une histoire exemplaire, littéraire, de la transmission du génie scientifique, avant l'intégration de ces historiettes et du corpus des anecdotes expérimentales au « grand récit » de l'avènement de la science moderne.

Si les études qui suivent montrent donc les stratégies de résistance et d'exclusion que développe peu à peu, à l'orée du XVIIIe siècle, un discours scientifique en pleine spécialisation à l'encontre de sa part d'ombre littéraire, symbolisée par l'irruption du récit anecdotique dans le cours de l'exposé, elles soulignent aussi le rôle important qu'a pu jouer l'anecdote en tant que telle, non seulement dans l'écriture de ce « grand récit », mais aussi dans la saisie même de l'identité d'une pensée particulière, d'un rapport singulier et signifiant au réel et au savoir.

Ce livre est donc en grande partie dédié à l'analyse de ce qui, dans le corpus inventif et multiforme de ces anecdotes scientifiques transmises, reprises, réécrites et transformées, remplit à l'égard du discours de connaissance le rôle que G. Deleuze attribuait à l'anecdote vitale en philosophie :

> Il suffit de quelques anecdotes vitales pour faire le portrait d'une philosophie, comme Diogène Laërce sut le faire en écrivant le livre de chevet ou la légende dorée des philosophes, Empédocle et son volcan, Diogène et son tonneau. C'est que ces anecdotes ne renvoient pas simplement à un type social ou même psychologique d'un philosophe, elles manifestent plutôt les personnages conceptuels qui l'habitent. [...] Le visage et le corps des philosophes abritent ces personnages qui leur donnent souvent un air étrange, surtout dans le regard, comme si quelqu'un d'autre voyait à travers leurs yeux. Les anecdotes vitales racontent le rapport d'un personnage conceptuel avec des animaux, des plantes ou des rochers, rapport suivant lequel le philosophe lui-même devient quelque chose d'inattendu, et prend une ampleur tragique et comique qu'il n'aurait pas tout seul.[22]

Dans l'invention de la *sérendipité*, comme dans tous les récits de découverte, d'expérience ou de dévoilement que saisissent les anecdotes que l'on trouvera ici, c'est bien cela qui se joue : la reconnaissance réciproque d'un personnage conceptuel et de la situation inédite, réelle, qui le révèle à lui-même au moment où il la comprend et la théorise. Le divertissement anecdotique apparaît ainsi, en définitive, comme l'une des façons possibles – d'autant plus

22 Deleuze et Guattari, *Qu'est-ce que la philosophie ?*, Minuit, Paris, 1991, p. 70-71.

utile qu'elle semble ramener à l'espace fini d'un détour la part dangereusement expansive que peut prendre la narration littéraire à l'exposé du savoir – de scénariser ce rapport essentiel entre le réel et le concept, tel que le met en œuvre la connaissance. En mettant en scène sous la forme d'une rencontre singulière ce miraculeux contact entre la pensée et son objet, elle prouve à chaque fois la nature intelligible du réel enfin reconnu, enfin « trouvé » : *eurêka* !

Eurêka !
Anecdotes emblématiques au temps de la science expérimentale

KARINE ABIVEN (Paris 4-Sorbonne)

Eurêka : l'exclamation d'Archimède est sans doute le parangon de la trouvaille scientifique imprévue. Emblématique, cette image légendaire est aussi paradigmatique : elle initie une série d'anecdotes mettant en scène ce qu'on appelle la *sérendipité*[1], ou découverte fortuite du savant qui trouve ce qu'il ne cherchait pas. Galilée remarque les mouvements d'une lampe du dôme de Pise, et y voit spontanément l'isochronisme des pendules ; Harvey observe la dynamique des canaux en Hollande, et c'est la circulation du sang qui est établie ; le petit James Watt devine dans sa bouilloire fumante la machine à vapeur à venir ; et c'est sans parler – pour le moment – de Newton, sa pomme, et la gravitation universelle. La construction *a posteriori* de tels récits quasi mythiques a été démontrée au cas par cas[2]. Ce sont les rouages de cette fabrication narrative qui nous intéressent : comment le fait est-il mis en intrigue de façon à devenir une « anecdote vitale », un de ces « traits existentiels »[3] qui suffisent à fixer à jamais non seulement l'image d'un savant,

1 Le mot est un calque de l'anglais *serendipity*, introduit par Walpole en 1754. Il s'agit de « la découverte par chance ou sagacité de résultats que l'on ne cherchait pas, [de l'observation d'] une donnée inattendue, aberrante et capitale qui donne l'occasion de développer une nouvelle théorie ou d'étendre une théorie existante » (Robert King Merton, *Éléments de théorie et de méthode sociologique* [*Social theory and social structure*, 1957], trad. Henri Mendras, Saint-Pierre-de-Salerne, G. Monfort, 1965, p. 47).

2 Par exemple, au sujet de Galilée, voir : V. E. Wohlwill, « Die Pisaner Fallversuche », *Mitteilungen zur Geschichte des Medizin und Naturwissenschaften*, Hambourg, L. Voss, 1905, vol. IV, p. 229-248 ; Alexandre Koyré, « Galilée et l'expérience de Pise. À propos d'une légende », *Études d'histoire de la pensée scientifique*, Paris, Gallimard, 1966 [*Annales de l'université de Paris*, 1937], p. 192-201 ; Fabien Chareix, *Le mythe Galilée*, Paris, Presses universitaires de France, 2002.

3 « L'anecdote vitale » met en récit un des « traits » des « personnages conceptuels » de philosophes qu'examinent Gilles Deleuze et Félix Guattari dans le chapitre 3 de *Qu'est-ce que la philosophie ?* (Paris, Minuit, 1991, p. 60-81) : « Il y a en effet des traits existentiels : Nietzsche disait que la philosophie invente des modes d'existence ou des possibilités de vie. C'est pourquoi il suffit de quelques anecdotes vitales pour faire le portrait d'une philosophie [...], Empédocle et son volcan, Diogène et son tonneau [...]. Et

mais le contenu de son système scientifique ? Il va de soi que cette représentation frappante n'est produite qu'au prix de simplifications et d'aménagements avec le réel sans doute coûteux. Le figement anecdotique est, à la lettre, *réducteur* : à la miniaturisation de la forme répond la sélection exclusive d'un événement. Si l'on accepte pourtant d'adhérer à la proposition nietzschéenne selon laquelle « trois anecdotes suffisent à donner l'image d'un homme »[4], on peut prendre ce genre de récits biographiques comme observatoire de la figuration du savant aux commencements de la science expérimentale.

Le récit de l'expérience, telle qu'elle apparaît en Europe dans la lignée de Bacon, est sans doute propice à la forme anecdotique – personnel réduit, caractère concret de la narration, mise en intrigue minimale qui mène d'un état initial à une situation finale, chute resserrée autour de la découverte. Simultanément – conséquemment ? –, l'anecdote biographique vient prendre le relais de modèles rhétoriques en régression[5], comme l'apophtegme[6] ou l'*exemplum*[7]. Ainsi il s'agira d'interroger l'adaptation du discours aux

le goût de Spinoza pour les combats d'araignées vient de ce que ceux-ci reproduisent purement des rapports de modes dans le système de l'Éthique comme éthologie supérieure. C'est que ces anecdotes ne renvoient pas simplement à un type social ou même psychologique d'un philosophe (le prince Empédocle ou l'esclave Diogène), elles manifestent plutôt les personnages conceptuels qui l'habitent », (p. 70-71).

4 « *Aus drei Anekdoten ist es möglich, das Bild eines Menschen zu geben* », (Friedrich Nietzsche, *Die Philosophie im tragischen Zeitalter der Griechen, Vorwort, Werke*, éd. Karl Schlechta, München, Carl Hanser Verlag, 1956, vol. 3, p. 353). Nous traduisons.

5 Le passage du XVIIe au XVIIIe siècle a souvent été désigné comme un moment clé dans la redéfinition des genres, due à l'abandon progressif des modèles rhétoriques, lorsque l'histoire se sépare de l'éloquence (voir Reinhart Koselleck, « *Historia magistra vitae.* Über die Auflösung des Topos im Horizont neuzeitlich bewegter Geschichte », dans *Natur und Geschichte. Karl Löwith zum 70. Geburtstag*, éd. Hermann Braun et Manfred Riedel, Stuttgart-Berlin, 1967, p. 196-220). L'évolution de l'antique genre de la Vie à celui de la biographie a pu être analysée comme une rupture entre le règne rhétorique et les temps modernes (voir Jean Sgard, « Problèmes théoriques de la biographie », *L'histoire au* XVIIIe *siècle, Colloque d'Aix-en-Provence, mai 1975*, Aix, Edisud, 1980, p. 187, ou Marc Fumaroli, « Des "Vies" à la biographie : le crépuscule du Parnasse », *Diogène*, Paris, Gallimard, n°139, juillet-septembre 1987, p. 3-30).

6 Parole ou sentence mémorable attribuée à un personnage remarquable, le plus souvent antique.

7 Ce modèle antique et médiéval se serait défait à la Renaissance et au XVIIe siècle, moment de la crise de l'exemplarité historique, où il n'est plus possible de tirer d'enseignement de l'histoire : c'est la thèse de Karlheinz Stierle, dans « L'histoire comme exemple, l'exemple comme histoire. Pour une pragmatique et une poétique du texte narratif », *Poétique*, 10, 1972, p. 176-198.

formes de la découverte[8] à un moment crucial de l'histoire des sciences[9]. Il apparaîtra que la relation d'un protocole expérimental permet aux auteurs de Vies d'explorer des pratiques d'écriture nouvelles en regard des syllogismes et autres *exempla*[10]. L'histoire de la pomme de Newton, dont nous suivrons la circulation au XVIIIe siècle, illustre parfaitement la manière dont les anecdotes de sérendipité viennent cristalliser une série de traits emblématiques du savant et de sa pensée. Nous verrons finalement que ces récits *a priori* puissamment individualisants épousent en réalité la forme d'une topique biographique, valable pour tous les grands hommes.

De l'*exemplum* au cas

L'essor de la philosophie expérimentale a engagé, on le sait[11], des évolutions dans le langage scientifique : le syllogisme fait place au récit d'expérience, le pur raisonnement logique cède à la présentation historique et narrative des faits. L'anecdote est sollicitée dans ce cadre, par la narrativité fondamentale qui la caractérise, ainsi que ce qu'on pourrait appeler son aspect semelfactif[12] : elle est apte à relater le fait dans sa singularité. Or le concept de *fait* est au fondement même de l'expérimentalisme : c'est en construisant le *matter of fact* et en l'expliquant, que la science nouvelle prétend passer de l'opinion

8 Voir Steven Shapin, « The House of experiment in Seventeenth-Century England » et Peter Dear, « *Totius in verba*. Rhetoric and Authority in the Early Royal Society », dans *The scientific enterprise in early modern Europe : readings from « Isis »*, éd. Peter Dear, Chicago/London, University of Chicago press, 1997, p. 273-304 et p. 255-272.

9 Voir Peter Dear, « Narrative, anecdotes and experiments : turning experience into science in the 17th century », in *The literary structure of scientific argument : historical studies*, éd. Peter Dear, Pennsylvania University Press, Pennsylvania, 1991, p. 135-163.

10 L'influence des révolutions scientifiques du XVIIe siècle sur l'écriture biographique en général a déjà été notée : selon Vivian de Sola Pinto, le geste baconien qui consiste à porter sur la nature, et donc sur l'homme un regard objectif a profondément modifié le genre (*English biography in the seventeenth century*, London, G.G. Harrap, 1951, p. 24).

11 Voir par exemple Richard W. Serjeantson, « Proof and Persuasion », *The Cambridge history of Science*, dir. Katherine Park et Lorraine Daston, Cambridge University Press, 2006, vol. 3, p. 157.

12 Pour employer, en la détournant, la terminologie de l'aspect verbal (un procès est dit semelfactif quand il se produit une fois), là où on pourrait aussi reprendre la terminologie genettienne de « récit singulatif » (Gérard Genette, *Figures III*, 1972, Seuil, coll. « Poétique », 1972, p. 146).

à la connaissance[13]. Nouvelle dans le champ du discours métascientifique, l'anecdote n'est pas sans modèle, notamment dans les genres historiques ou biographiques, où elle peut être vue comme un avatar de l'*exemplum* ou de l'apophtegme. Contrairement à cette parentèle rhétorique, l'anecdote est dépourvue de définition endogène dans la première modernité[14] ; elle n'en est pas moins repérable dans les textes, à condition de se munir de quelques outils d'identification. De l'*exemplum*, elle conserve, outre la brièveté, la narrativité et la prétention à la véridicité[15]. Ces traits sont sans doute accusés dans l'anecdote : c'est la relation d'un petit fait que l'on peut prétendre vrai en raison d'un témoignage direct ou indirect[16] – quand la narrativité et le pacte d'authenticité de l'*exemplum*, subordonné au principe moral qu'il illustre, sont auxiliaires[17]. Cette double exigence se traduit par une contextualisation spatio-temporelle fine, associée à la posture de témoin du narrateur. Pour illustrer cette poétique *a minima*, on peut puiser dans le trésor d'anecdotes que sont les *Brief Lives* de John Aubrey – d'ailleurs membre de la *Royal Society* dès 1663, ce qui confirmerait cette affinité entre le milieu où s'est forgée la science expérimentale et le désir d'en rendre compte sous forme de vignettes narratives. Son récit de la mort de Bacon représente le savant en victime de ses expérimentations intrépides :

> Mr Hobbes m'a rapporté que c'est d'avoir effectué une Expérience qui causa la mort de Mylord [Lord Bacon], voici comment : il prenait l'air dans son Carrosse en compagnie du Dr Witherbone (un Ecossais, médecin du roi) en direction de Highgate, le sol était

---

13 Richard W. Serjeantson signale que le fait (*factum*), concept d'abord juridique (*de jure / de facto*), pénètre au XVIIe siècle le discours de la science (*The Cambridge history of Science*, *op. cit.*, p. 158). Voir aussi Lorraine Daston, « Strange Facts, Plain Facts, and the Texture of Scientific Experience in the Enlightenment », dans *Proof and Persuasion : Essays on Authority, Objectivity, and Evidence*, éd. S. Marchand and E. Lunbeck, Brepols, Turnhout, 1996, p. 42-59.

14 Quand le terme apparaît en français – et dans les langues européennes – dans les années 1680, il ne désigne pas une forme brève, mais une histoire secrète, proche de la nouvelle galante et des petits romans. Les définitions du temps n'indiquent rien sur ce que nous nommons aujourd'hui *anecdote*.

15 L'*exemplum* peut être défini comme « un récit bref donné comme véridique et destiné à être inséré dans discours (en général un sermon) pour convaincre un auditoire par une leçon salutaire », *L'« exemplum »*, éd. Claude Brémond, Jacques le Goff, Jean-Claude Schmitt, Louvain-la-Neuve, Turnhout-Belgium, Brepols, 1982, p. 37.

16 Pour prendre le sens du français contemporain : « Petite aventure vécue qu'on raconte en en soulignant le pittoresque ou le piquant » (*Trésor de la langue française*).

17 Le point nodal réside dans « la manière dont un système éthique et moral s'inscrit et s'anime dans l'emploi des *exempla* », Jean-Michel David, Présentation de *Rhétorique et histoire, L'*exemplum *et le modèle de comportement dans le discours antique et médiéval* », *Mélanges* de l'École française de Rome, Moyen Age-Temps modernes, Palais Farnèse, Rome, MEFRM, t. 92, 1980, p. 12.

> couvert de neige, lorsqu'une pensée lui traversa l'esprit : pourquoi la neige ne pourrait-elle, comme le Sel, conserver la chair ? Ils tentèrent l'Expérience sur-le-champ [...], achetèrent une Poule qu'ils demandèrent à la femme d'éviscérer, puis bourrèrent le corps de neige, et Monsieur [Hobbes] lui-même participa à l'opération. La neige lui fit prendre si froid qu'il tomba immédiatement malade, au point de ne pouvoir rentrer chez lui [...] en deux ou trois jours – comme me l'a dit Mr. Hobbes, je m'en souviens – il mourut de Suffocation.[18]

« *Fatal experiment* », comme le résume le titre de la rubrique où est classé ce récit dans un recueil ultérieur[19] : c'est l'empirisme qui a tué Bacon. La localisation précise de l'épisode – « Highgate » – se conjugue avec la garantie testimoniale – Hobbes, ami tutélaire d'Aubrey et source d'un grand nombre d'historiettes du recueil, participe à l'opération –, pour faire de l'épisode un cas sans exemple. Le caractère authentique assez crédible de ce récit tranche avec les types traditionnels de séquences biographiques, comme l'apophtegme. Cette même *Vie de Bacon* d'Aubrey fait se côtoyer ces anciennes et nouvelles formes ; à côté des récits de faits, il place des récits de dires[20], dans une section qu'il nomme lui-même *Apophtegmata*, selon la terminologie générique antique :

> L'évêque de Londres fit abattre à Fulham un somptueux Bosquet d'Arbres. Le Lord Chancelier lui dit qu'il était un bon éclaircisseur de lieux ténébreux.

---

18 « Mr Hobbs told me that the cause of his Lordsip's death was trying an Experiment, viz. : as he was takeing the aire in a Coach with Dr Witherborne (a Scotchman Physician to the King) towards High-gate, snow lay on the ground; and it came into my Lord's thoughts, why flesh might not be preserved in snow, as in Salt. They were resolved, they would try an Experiment presently [...] bought a Hen, and made the woman exenterate it, and then stuffed the bodie with Snow, and my Lord did help to doe it himselfe. The Snow so chilled him, that he immediately fell so extremely ill, that he could not returne to his lodging [...]. in two or three dayes, as I remember he [Hobbes] told me, he dyed of Suffocation. », John Aubrey, *Brief Lives* [écrites entre 1669 et 1696], éd. critique John Buchanan-Brown, London, Penguin Classics, 1999, p. 29-30. Notre traduction s'inspire de cette anthologie: *Vies brèves*, trad. et éd. par J.-B. de Seynes, Paris, Obsidiane, 1989, p. 37. Nous soulignons.

19 Daniel George, *A book of anecdotes Illustrating Varieties of Experience in the Lives of the Illustrious and the Obscure*, Hulton Press, 1957, p. 118.

20 La dichotomie ancienne entre les « chries consistant en paroles », et celles « consistant en une action » (sur ce genre, voir *infra*, n. 23) est réinvestie par les rares théoriciens de la forme anecdotique. Dans le schéma agonal que propose Rudolph Schäfer, l'anecdote est un récit dramatique fermé qui « provoque » et résout un ensemble conflictuel en trois parties successives : l'introduction ou *occasio*, la transition ou *provocatio*, la pointe ou le *dictum/factum* (*Die Anekdote : Theorie-Analyse-Didaktik*, München, Oldenbourg Verlag, 1982).

> Alors qu'il était en Disgrâce, ses Serviteurs ont tous fui subitement, et il le compara leur fuite à celle des Vermines quand la maison tombe […].[21]

C'est ici l'homme, ou le philosophe qui parle par sentences[22], qui est dépeint : cette série d'anecdotes est proche de la formule traditionnelle de la chrie[23], reposant ici sur les mécanismes codifiés[24] de l'équivoque, puis de la comparaison. Lorsqu'en revanche ce sont les actions du scientifique qui sont représentées, le discours narratif s'étoffe, et semble sortir du corsetage des formes brèves obligées. Ainsi en est-il du récit de Hobbes s'adonnant à des tests d'optique :

> À Oxford Mr T.H. avait pris l'habitude, surtout l'été, de se lever très tôt, et de lier par des ficelles […] des jetons de plomb qu'il enduisait de glu puis appâtait avec des croûtes de fromage, que les choucas repéraient d'une très grande hauteur, d'aussi loin même que Osney-Abbeyn avant que de fondre sur l'appât ; il tirait alors sur la ficelle qui, par le poids des jetons, venait enserrer leurs ailes. (*C'est incidemment qu'il me narra cette histoire*, alors qu'il discourait sur l'Optique, pour illustrer l'acuité de la vision d'un œil aussi petit).[25]

La précision du vocabulaire matériel, de la localisation, de l'enchaînement des procès, ainsi que la mention de l'origine des propos, font de ce micro-récit une vignette crédible de l'expérimentation. Ainsi l'anecdote possède les contours nets d'une histoire vérace, ce qui accrédite sa valeur de compte-rendu de l'expérience, au double sens de test, et de fait vécu. C'est cette factualité – plus ou moins construite, nous le verrons – qui rapproche l'anecdote du *cas* : elle représente un *hapax* et non un épisode paradigmatique d'une loi

---

21 « The bishop of London did cutt-downe a noble Clowd of Trees at Fulham. The Lord Chancellor told him that he was a good Expounder of darke places / Upon his being Disfavour, his Servants suddenly went away, he compared them to the flying of the Vermin when the Houwse was falling », *Brief Lives, op. cit.*, p. 28-29 ; *Vies brèves, op. cit.*, p. 30.

22 C'est le sens étymologique du mot *Apophtegme*, comme le rappelle Furetière : « Du grec *Apophthengmai* : « je parle par sentences ». Parole sentencieuse ou remarquable qui est dite par quelque personne illustre en naissance ou en savoir », Furetière, *Dictionnaire universel*, La Haye et Rotterdam, A. et R. Leers, 1690, vol. 1.

23 Issue de la pratique cynique, il s'agit d'une phrase simple et mémorisable associée à un incident de la vie d'un philosophe.

24 Voir Heinrich Lausberg, *Handbuch der literarischen Rhetorik : eine Grundlegung der Literaturwissenschaft*, München, M. Hueber, 1973, § 1117-1120 (consacrés à la *chreia*).

25 « At Oxford Mr Thomas Hobbes used in the summertime especially to rise very early in the morning, and would tye the Leaden Counters […] with packthreds, which he did besmere with birdlime, and bayte them with parings of cheese and the Jack dawes would spye them a vast distance up in the aire* (*This story he happened to tell me, discoursing of the Optiques, to instance such sharpness of Sight in so little an Eie.) », *Brief Lives, op. cit.*, p. 425 ; *Vies Brèves, op. cit.*, p. 79. Nous soulignons.

comportementale comme l'*exemplum*[26]. Le cas (*casus*) est « ce qui arrive, une "échéance" »[27], une occurrence particulière. Sa verbalisation subit en outre la « contrainte du récit » : « un cas est le produit d'une histoire »[28], celle d'une singularité énigmatique qui échappe à la prévisibilité de la norme. S'explique ainsi l'affinité de l'anecdote « casuelle » – qui se distingue de l'anecdote apophtegmatique – avec la relation des *matter of facts*, cruciaux dans l'expérimentalisme. L'épisode du char à voiles, dans la *Vie de Peiresc* de Gassendi, en fournit un exemple :

> En revenant, après être demeuré un moment à La Haye, il ne voulut pas s'en aller avant d'avoir connu Hugo Grotius [...]. Il fit un détour par Scheveningue, pour observer la mécanique et la vitesse d'un char inventé quelques années auparavant avec une telle astuce que, voiles déployées, il volait sur le rivage à la manière d'un vaisseau. [...] Il voulut aussi faire l'expérience et *il se plaisait à rappeler* la stupeur dont il avait été saisi, quand, ayant été emporté sous un vent très rapide – il ne le percevait pourtant pas car le char était aussi rapide que le vent – il se rendit compte de ce que les trous sur son passage étaient survolés ; que les eaux stagnantes, çà et là, étaient seulement frôlées superficiellement [...], que ce qui apparaissait comme très distant était dépassé presque à l'instant ; et autres phénomènes semblables.[29]

Deux indices contribuent à l'aspect sémelfactif de cet épisode, et à sa narrativité. L'exposition concise des circonstances[30] – toponymes, patronyme – souligne l'unicité de l'« occurrence », d'une part ; de l'autre, la mention métalinguistique de l'énonciation citée, de type narratif – « il se plaisait à rappeler »[31] –, inscrit en abyme la nécessité du recours au récit. Sans doute ces éléments permettent-ils de scénographier efficacement l'épisode pour le lecteur.

---

26 Il nous faudra plus bas nuancer cette idée, née de l'opposition entre l'exemplaire et le singulier, mais qui ne rend pas compte des potentialités inductives et donc du fonctionnement paradigmatique du raisonnement par cas.

27 Jean-Claude Passeron et Jacques Revel, « Penser par cas, Raisonner à partir de singularités », *Penser par cas*, dir. Jean-Claude Passeron, Jacques Revel, Paris, Éd. de l'École des hautes études en sciences sociales, 2005, p. 10.

28 *Ibid.*, p. 22, p. 24.

29 Pierre Gassendi, *Vie de l'illustre Nicolas-Claude Fabri de Peiresc*, trad. Roger Lassalle et Agnès Bresson, Paris, Belin, coll. « Un savant, Une époque », 1992, p. 89. Nous soulignons.

30 Le titre de l'article de Steven Shapin exprime, en une subtile syllepse renvoyant à l'hymne anglais bien connu, ce lien entre circonstances et mise en récit d'expérience : « Pump and Circumstance : Robert's Boyle Literary Technology, *Social Studies of Science*, 1984, n°14, p. 41-51.

31 « *Quare ipse quoque experiri voluit, commemorareque solebat stuporem* [...] », *Viri illustris Nicolai Claudij Fabricij de Peiresc, senatoris Aquisextiensis vita Authore Petro Gassendo* [1651], La Haye, Adrian Vlacq., 3e éd., 1655, p. 55.

Nous rejoignons ici les propositions de Steven Shapin et Simon Schaffer, selon lesquels l'argumentation en contexte expérimentaliste passe par une stratégie de visualisation : pour croire, il faut voir. Ainsi l'exposé scientifique sous forme « historique » vise à faire des lecteurs les « témoins virtuels » de l'expérimentation[32]. La « technologie du témoignage virtuel »[33], dont nous avons esquissé les marqueurs au sein de l'anecdote, a pour but de susciter une image mentale réaliste des expériences, en vue de rendre possible sa reproduction. Les deux critiques anglo-saxons ont largement démontré cette hypothèse. Il nous semble pour notre part que la participation virtuelle du récepteur dépend aussi de l'inscription, à l'intérieur du récit, d'un modèle communicationnel : « Mr Hobbes m'a rapporté », « C'est incidemment qu'il me narra cette histoire » (Aubrey), « il se plaisait à rappeler la stupeur dont il avait été saisi » (Gassendi). La source des propos est constamment précisée, ce qui fait de l'origine conversationnelle une caractéristique du récit d'expérience dans le cadre anecdotique. Cette ostentation de la fabrique orale de la narration a pour conséquence une implication du lecteur, qui est institué, non seulement témoin d'une expérience, mais aussi auditeur d'un discours rapporté. L'anecdote, en tant que forme narrative *adressée*, participe selon nous du mouvement d'exotérisme de la science tel qu'il s'esquisse au XVIIIe siècle : la « traduction » des systèmes[34] passe par cette technique narrative qui intègre la figure de l'allocutaire, comme pour mimer le partage des savoirs.

Itinéraire d'une pomme : les raisons du succès anecdotique

À cet égard, la séduction de la forme anecdotique opère sur la puissance de diffusion d'une idée. La qualité vulgarisatrice d'une anecdote peut être mesurée à l'aune de son succès : l'histoire de la pomme de Newton, apparue bien des années après sa mort, dans un contexte fort d'exotérisme de la

32 Steven Shapin et Simon Schaffer, *Léviathan et la pompe à air : Hobbes et Boyle entre science et politique* [*Leviathan and the air-pump : Hobbes, Boyle, and the experimental life*, Princeton, Princeton University Press, 1985], trad. Thierry Piélat et Sylvie Barjansky, Paris, Ed. la Découverte, coll. « Textes à l'appui. Anthropologie des sciences et des techniques », 1993 (p. 59-63 : « Être témoin de la science »).

33 *Ibid.*, p. 63.

34 Pour paraphraser la célèbre préface de Fontenelle à ses *Entretiens sur la pluralité des mondes* (Paris, Veuve Blageart, 1686).

science, est exemplaire[35]. La première occurrence de l'anecdote est due à Voltaire[36], en 1727 : il s'agit plutôt d'une allusion, rédigée en anglais dans son *Essay upon the epick poetry*, traduit par Desfontaines[37] :

> [Comment Milton a eu l'idée du Paradis Perdu en voyant une comédie intitulée Adam, pleine d'extravagances] C'est ainsi que Pythagore dut l'invention de la musique au bruit des marteaux d'une forge, et que de nos jours M. Isaac Newton, en se promenant dans son jardin, conçut la première idée de son système de la gravitation, en voyant tomber une pomme du haut d'un arbre.[38]

Voltaire, impatient, aurait transcrit l'information immédiatement après l'avoir apprise, dans l'ouvrage qu'il était en train de composer ; ceci expliquerait le caractère « hors d'œuvre » de la mention du scientifique au sein d'un essai biographique sur Milton. Cette digression peut aussi s'expliquer selon le principe sériel assez commun s'agissant d'anecdotes : l'analogie. Milton est comparable à Pythagore aussi bien qu'à Newton dans son processus de création par association d'idées ; en outre, cette mise en rapport spontanée de plusieurs génies n'est sans doute pas fortuite, nous y reviendrons.

La deuxième occurrence date de 1734 et est enrichie d'attributs anecdotiques, avec la précision du cadre circonstanciel : « S'étant retiré en 1666 à la campagne, près de Cambridge, un jour qu'il se promenait dans son jardin et qu'il voyait des fruits tomber d'un arbre il se laissa aller à une méditation profonde sur cette pesanteur [...] »[39]. Une troisième version, datée de 1741, mérite qu'on y examine les modalités d'intégration de l'anecdote dans son

---

35 Elle a été étudiée dans des perspectives différentes, notamment par William H. Barber, « Le Newton de Voltaire », *Cirey dans la vie intellectuelle. La réception de Newton en France*, Oxford, Voltaire Foundation, 2001, p. 115-125; Patricia Fara, *Newton : the making of genius*, New York, Columbia University Press, 2002 (chapitre « Myths », p. 192 *sqq.*) ; Véronique Le Ru, *Voltaire newtonien : le combat d'un philosophe pour la science*, Paris, Vuibert, 2005 (chapitre 5, « l'attraction : une question de fait », p. 65-77).

36 Les retombées rhétoriques de l'exotérisme voltairien sont analysées par Hugh M. Davidson dans « Voltaire Explains Newton : An Episode in the History of Rhetoric », *The Dialectic of discovery : essays on the teaching and interpretation of literature presented to Lawrence E. Harvey*, éd. John D. Lyons et Nancy J. Vickers, Lexington, French forum, 1984. p. 72-82.

37 *Essay upon the epick poetry*, *Œuvres Complètes*, éd. David Williams, Oxford, Voltaire Foundation, 1996, t. 3b, p. 372.

38 Voltaire écrit : « In the like manner Pythagoras ow'd the Invention of Musick to the Noise of the Hammer of a Blacksmith. And thus in our days, Sir Isaac Newton walking in his gardens had the first Thought of his System of Gravitation, upon seeing an Apple falling from a Tree ». Dans la traduction-adaptation qu'il donne du texte en 1732-1733, il supprime l'anecdote de la pomme (*op. cit.*, p. 479 *sqq.*).

39 *Lettres Philosophiques* (15e lettre), citée par Véronique Le Ru, *Voltaire newtonien* [...], *op. cit.*, annexe 2, p. 106.

contexte. Il s'agit d'un extrait des *Éléments de la philosophie de Newton*, découpé en manchette sous l'étiquette *Histoire de la découverte de la gravitation*[40] :

> Un jour de l'année 1666 Neuton retiré à la campagne et voyant tomber des fruits d'un arbre, à ce que m'a raconté sa nièce (madame Conduit) se laissa aller à une méditation profonde que la cause qui entraîne ainsi tous les corps dans une ligne qui, si elle était prolongée passerait à peu près par le centre de la Terre.

La construction du chapitre III sur la gravitation ménage un suspens qui prépare l'intrusion de cette anecdote. Il s'ouvre sur une allusion à l'historiette de la tour de Pise, où Galilée expérimente la gravité des corps. L'intervention de Newton dans la théorisation de la gravité est ensuite préparée par des effets d'attente : « De cette belle découverte de Galilée, il naissait toujours une question nouvelle. [...] On restait donc dans l'incertitude et l'idée de cette force agissant du centre de la Terre demeurait un soupçon vague. [...] mais les expériences qui devaient éclairer cette grande question manquaient encore [...] »[41]. La dynamique est créée par le jeu des temps verbaux : l'imparfait suscite un effet d'attente grâce à son aspect sécant, propre à effacer la limite finale du procès : « il naissait », « on restait », « demeurait », « manquaient »[42]. Cet aspect le rend disponible pour accueillir les procès saillants et en incidence rendus par le passé simple[43] : « Un jour [...], Neuton se laissa aller à une méditation [...] ». L'aspect perspectif du futur dans le passé périphrastique – « les expériences qui devaient éclairer... » – accentue la directionalité du récit vers l'aval, avec le sémantisme de nécessité porté par l'auxiliaire « devoir ». La textualisation du micro-récit vise donc à le faire ressortir du tissu du texte.

Les détails concrets – le jardin, les fruits – sont des accroches mémorielles supplémentaires pour le lecteur. À ce titre, la mention d'une pomme,

40 Voltaire, *Éléments de la philosophie de Newton, Œuvres Complètes*, éd. critique Robert L. Walters et W.H. Barber, Oxford, Taylor Institution, 1992, t. 15, p. 418. La première version de cet ouvrage, datée de 1738, ne contient pas l'anecdote.

41 *Ibid.*, p. 417-418.

42 Le verbe offre ainsi une représentation ouverte de l'action, car l'imparfait est non-incident, dans une terminologie psychomécanique : le temps interne du procès est inscrit sur la ligne du temps en un point au delà de sa borne initiale et en deçà de sa borne terminale, en conversion de l'accomplissement en accompli. Voir G. Guillaume, *Leçons de linguistique 1948-1949*, Séries A, B et C, éd. Roch Vallin, Québec, Presses de l'Université Laval, 2e éd., 1982. Pour une mise en perspective de la notion, voir G. J. Barceló et J. Bres, *Les Temps de l'indicatif en français*, Paris, Ophrys, 2006, p. 48 *et passim*.

43 Voir A. Molendijk, *Le Passé simple et l'imparfait : une approche reichenbachienne*, Amsterdam/Atlanta, Faux-titre, 1990.

qui a tout d'apocryphe, apporte, un siècle après les faits, une précision supplémentaire[44]. On a même été jusqu'à inventer que la pomme tombait directement sur la tête de Newton, dans une intention pittoresque autant que burlesque[45]. Il est remarquable pour notre propos que ce soit Isaac Disraeli, premier critique à théoriser le genre de l'anecdote, qui ait eu cette idée, conscient que l'efficacité de ce type de micro-récit réside dans son caractère frappant[46]. Aussi le détail, volontiers invraisemblable, participe de la qualité de l'anecdote, si on s'accorde sur le fait que celle-ci se caractérise par sa mémorabilité et sa singularité. Même si la dimension véridique s'en trouve affectée, cette construction d'une petite machine à illustrer une idée possède un caractère persuasif indéniable : *Se non è vero è bene trovato*[47], pour reprendre le proverbe italien qui rend bien compte des histoires apocryphes.

Ainsi le « choix » de la pomme, ainsi que d'autres éléments de l'historiette, n'est sans doute pas innocent. Dans la tradition biblique, la pomme renvoie bien évidemment à la chute[48] ; Noyes, dans son épopée en vers sur Newton, en fait le fruit mûr de la connaissance[49]. On a aussi suggéré que la pomme représentait une sorte d'emblème national pour l'Angleterre, érigeant Newton en héros patriotique[50]. Il s'agit moins de remotiver *a posteriori* le détail narratif que d'examiner la sédimentation des significations potentielles. C'est en cela que ce genre d'anecdote est emblématique : tel un idéogramme, elle propose des données schématiques qui renvoient à des référents multiples. À ce train, plusieurs éléments de la légende peuvent être analysés en termes de rentabilité significative : le *decorum* du jardin fait signe vers le caractère novateur d'une science d'extérieur, où le savant sort de son cabinet pour connaître directement la nature, sans la médiation des

44 Daniel Georges (*A book of anecdotes*, *op. cit.*, p. 143) attribue à un contemporain de Newton, un certain Martin Folkes, l'information selon laquelle le fruit aurait été une pomme. En général, c'est plutôt à William Stukeley qu'on renvoie, dans ses *Memoirs of Isaac Newton's Life*, écrit en 1752, soit 25 ans après la mort de Newton ; le souci du détail y est généralement accru (date, croquis de la scène...) : « After dinner on 15th April 1726, the weather being fine we went into the garden and drank thea under the shade of some appletrees [...] ». William Stukeley, *Memoirs of Sir Isaac Newton's life [...]* [1752], éd. A. Hastings White, Londres, Taylor and Francis, 1936. Cité par Jean Pelseneer, *La pomme de Newton*, Bruxelles, « Ciel et Terre », Vol. 53, 1937, p. 191.

45 Un burlesque qui n'a pas échappé à Marcel Gotlib, dont l'utilisation récurrente du « gag » de la pomme est le meilleur témoin du succès de cette anecdote iconique.

46 Isaac Disraeli, « Literary Anecdotes » in *The works of Isaac Disraeli*, London, Routledge, vol. 2, 1859, p. 300-303.

47 Si ce n'est pas vrai, c'est toutefois bien trouvé.

48 Ce qu'accentue l'homonymie latine de *malum*, à la fois *pommier* et *mal*.

49 Alfred Noyes, *The Watchers of the Sky [1922]*, dans *The Torch-bearers*, New York, F.A. Stokes Co, 1971, vol. 1, p. 136-137.

50 *Newton : the making of genius*, *op. cit.*, p. 193 *sq*.

livres ; l'image du chercheur qui met chaque moment de son existence au service de son art renvoie au modèle de la *scientia activa* initié par Galilée : autant d'indices qui incarnent la modernité scientifique et en dressent un emblème.

Cette condensation d'éléments significatifs explique la circulation intense du récit à partir de Voltaire. Le dispositif de visualisation – jardin, pomme – ne contribue pas seulement à la « technologie du témoignage virtuel » étudiée plus haut ; il participe aussi à la fixation de la mémoire[51], qui retient mieux les objets que les idées[52]. La mythologie newtonienne s'ancre dans cette représentation visuelle – les reliques du pommier originel font l'objet d'un véritable culte à Woolsthorpe[53] – et l'image est restée le symbole de l'innovation géniale[54]. En outre, cette dimension matérielle propose une sorte de synthèse concrète d'idées abstraites. C'est ce qu'on a pu appeler la « représentativité » de l'anecdote[55] : la loi fondatrice de la gravitation restera à jamais attachée à un fruit automnal. La puissance représentative tient par ailleurs au croquis biographique, qui permet à l'anecdote à succès de résumer la vie d'un homme – c'est l'« anecdote vitale » dont parlent Deleuze et Guattari.

Toutefois, cette individualité n'est-elle pas ressaisie dans un autre type de représentativité, celle de la découverte géniale, en général ? De même que

51 L'anecdote est proche de l'*apomnémoneuma*, ou « le mémorable », qui est un développement de la chrie (H. Lausberg, *op. cit.*, § 1120), et qu'André Jolles institue en une de ses neuf « formes simples » (*Formes simples*, [*Einfache Formen*], Tübingen, Max Niemeyer Verlag, 1930], trad. par A.-M. Buguet, Paris, coll. « Poétique », Éditions du Seuil, 1972, p. 159 *sqq*.

52 C'est le principe, on le sait, de certaines techniques d'exercice de la mémoire artificielle dans les arts de mémoire antiques, qui préconisent l'usage d'images porteuses d'un « contenu » (*imagines rerum*) ; voir par exemple la *Rhétorique à Herennius* (III, 28-30, éd. G. Achard, Paris, Belles Lettres, 1997, p. 113-116).

53 Ainsi que les greffes qu'on en a faites : à Pune, en Inde, un pèlerinage a lieu dès que ces pommiers rejetons de l'arbre anglais produisent quelques pommes (*Newton : the making of genius*, *op. cit.*, p. 192).

54 Le premier logo de la multinationale d'informatique *Apple* reproduisait une gravure de Newton sous son arbre, en noir et blanc, dans un cadre entouré d'un phylactère portant devise.

55 Voir les caractéristiques de l'anecdote selon Hans Peter Neureuter (« Zur Theorie der Anekdote », *Jahrbuch des freien deutschen Hochstifts*, Tübingen, Max Niemer Verlag, 1973, p. 458-480) : *Faktizität, Repräsentanz, Kürze, Nachdenklichkeit* (facticité, représentativité, brièveté, effet qui donne à penser). Ces critères sont souvent repris par les critiques allemands, et en français par Alain Montandon (Préface à *L'Anecdote*, actes du colloque de Clermont-Ferrand (1988), Clermont-Ferrand, Publ. de l'Université Blaise Pascal, 1990, p. VI).

le *cas* peut servir de parangon explicatif à un symptôme en général, de même l'anecdote présente des traits topiques qu'il convient d'envisager.

Hasards topiques

L'historiette de la pomme de Newton entre, comme nous le signalions en introduction, dans une série de récits illustrant l'art de la trouvaille imprévue. Ce motif de la sérendipité présente un caractère dynamique qui rend l'anecdote mémorable, car le caractère accidentel fonctionne comme une pointe inattendue. Il constitue à ce titre un ressort efficace de la construction d'une légende, et c'est pourquoi il revient de manière paradigmatique s'agissant des grands noms de la science. L'écriture de la légende suppose ainsi d'aligner le personnage choisi avec tous ses prédécesseurs géniaux (la pomme vaut *Eurêka* !). Ce genre d'épisode permet d'exemplifier le génie d'une personne : « Il fallait être Newton pour apercevoir que la Lune tombe, quand tout le monde voit bien qu'elle ne tombe pas », écrit Paul Valéry[56]. Car la découverte fortuite ne découle pas du simple hasard des circonstances, mais suppose un être humain doté de sagacité et d'une perspicacité en éveil. Ces illuminations subites résultent d'une anticipation schématique très générale qui était présente dans l'esprit de l'observateur et qui n'est que provoquée par l'événement externe[57]. Aussi Galilée, Newton, Harvey, ou Watt ne sont pas les actants passifs d'une histoire d'heureux hasard, mais au contraire, incarnent des héros au flair et à la créativité hors du commun.

Dès lors, ce *topos* de la créativité accidentelle est inclus dans une série de lieux encomiastiques sur la nature du génie. Les capacités extra-ordinaires des grands hommes sont souvent illustrées par la précocité du talent, par exemple. Le travail pionnier de Kurz et Kris[58] a démontré le caractère topique de ce thème pour les artistes, qui revient de manière inchangée d'une

56 À la section « Grandeurs » de son *Mélange* (*Œuvres*, éd. Jean Hytier, Gallimard, coll. « Bibliothèque de la Pléiade » t. I, p. 384).

57 C'est l'apport de la psychologie cognitive à la compréhension de ce phénomène, résumé par Pek Van Andel et Danièle Bourcier, *De la sérendipité dans la science, la technique, l'art et le droit, Leçons de l'inattendu*, Chambéry, L'act Mem, coll. « Libres Sciences », 2009, p. 263.

58 Ernst Kris et Otto Kurz, *L'Image de l'artiste. Légende, mythe et magie. Un essai historique* [1934] [*Legend, Myth, and Magic in the image of the Artist*, Yale University Press New Haven and London, 1979], trad. M. Hechter, préf. E. H. Gombrich, Paris, Rivages, 1987.

vie de peintre à l'autre, et qui vaudrait aussi pour les scientifiques. L'étymon de cette histoire vient de Giotto, dépeint – plus d'un siècle après sa mort, par Vasari – comme un jeune berger autodidacte découvert par chance par Cimabue. En découle une infinité de variations sur le thème du garçon issu d'un milieu rural, dont les talents se dévoilent par hasard. De même Galilée n'a que dix-neuf ans quand il observe le pendule du dôme pisan, et son statut d'étudiant est souvent souligné ; Newton est encore élève de Cambridge au moment des faits, qui se produisent lors d'une retraite rustique au foyer familial. La précocité de l'inclination et de la vocation est omniprésente dans les *Éloges* de Fontenelle, et celui de Monsieur Morin le montre enfant, explorant la botanique sur les conseils d'un paysan féru de plantes[59]. Ainsi la fabrique de la légende des grands hommes passe par des canaux stéréotypiques similaires, qu'ils soient artistes ou savants :

> Notre thèse est qu'à partir du moment où l'artiste apparaît dans les archives historiques, certaines notions stéréotypées sont immédiatement liées à son œuvre et à sa personne, préconceptions qui n'ont en fait jamais perdu complètement leur signification et qui continuent à influencer notre vision du créateur.[60]

Les fonctions de ce genre d'anecdotes sont multiples : elles comblent les lacunes biographiques – on ignore tout de l'activité de Newton en 1665-1666, date généralement retenue pour l'épisode de la pomme, car il s'exile de Cambridge à la campagne pour échapper à l'épidémie de peste ; elles interrompent plaisamment le fil parfois monotone de la chronique bio-bibliographique des Vies de savants ; surtout, comme pour les peintres, elles sont une tentative, par le biais du récit, de sonder l'énigme de la créativité.

D'autres versants archétypaux concernent l'éthopée du chercheur. Les anecdotes de sérendipité cultivent l'image du savant fou, du moins distrait : les trouvailles fortuites se font lorsque le scientifique médite ou rêve, la tête en l'air. Le thème du professeur étourdi ou fantaisiste est fécond : on raconte que Newton aurait creusé un trou dans la porte de son bureau pour que son chat puisse rentrer, et en aurait creusé un plus petit à côté pour les chatons[61]. L'excentricité est une marque de fabrique du grand homme : Newton aurait été incapable de s'habiller correctement, comme Einstein aurait refusé de

59 Cité par Frédéric Charbonneau dans *L'art d'écrire la science : anthologie de textes savants du XVIIIe siècle français*, Rennes, Presses universitaires de Rennes, 2006, p. 18.

60 *L'Image de l'artiste* [...], *op. cit.*, p. 25.

61 Voir *The Faber Book of Anecdotes*, éd. Clifton Fadiman, Boston/Toronto, Little, Brown &Co, 1985, p. 146. Les éléments pittoresques sont interchangeables : Shelley en donne une version avec une poule et ses poussins (*Newton : the making of genius*, *op. cit.*, p. 200).

porter des chaussettes[62]. Les attributs sont ainsi plus ou moins interchangeables d'un génie à l'autre ; l'excentricité des mœurs permet même d'intégrer au paradigme de la trouvaille, la figure du détective génial : il n'y a pas loin d'*Eurêka* à *Élémentaire, mon cher Watson !*
Entre cas et type, l'anecdote s'inscrit à la fois dans une logique de singularisation et dans un ordre paradigmatique. Narration fabriquée sur fond d'authenticité, elle a la capacité de survivre au temps. Plusieurs facteurs sont à l'origine de cette résistance : la brièveté et la saillance de la forme associent leur efficacité textuelle à l'iconicité du contenu. Ce caractère concret et portatif la rend apte à circuler de l'oral à l'écrit ; au-delà, la réduction essentialiste qu'elle opère lui permet d'incarner durablement le savant et sa pensée. Le contexte historique et littéraire des XVIIe-XVIIIe siècles, en outre, explique l'éclosion d'anecdotes « vitales » concernant les philosophes expérimentalistes : l'évolution du genre biographique fait pour la première fois la part belle à l'individu dans sa singularité, tandis que le récit d'expérience apparaît comme nécessaire, à la fois comme preuve du discours et comme mode d'emploi d'une pratique reproductible. Aussi l'anecdote témoigne-t-elle, au temps des révolutions scientifiques, d'une petite révolution dans l'histoire des formes.

62 *Ibid.*

Histoires naturelles : circulation et fonction des anecdotes animalières dans les livres du XVIe siècle

MICHEL JOURDE (École Normale Supérieure de Lyon, UMR 5037)

D'abord, une coïncidence de dates[1]. En 1678-1679, La Fontaine fait paraître son second recueil de *Fables choisies*, dont la critique a montré depuis longtemps les modifications qu'il faisait subir à la tradition ésopique, amplifiant considérablement les libertés prises par le fabuliste à l'égard de cette dernière. Dans la dernière fable du recueil, « Les Souris et le Chat-huant »[2], l'histoire racontée au passé simple (« On abattit un pin pour son antiquité, / Vieux palais d'un hibou, triste et sombre retraite ») est celle d'une curieuse découverte : on découvre en effet que le rapace nocturne nourrissait dans son trou d'arbre une colonie de souris dont il avait brisé les pattes pour qu'elles ne s'enfuient pas mais qu'il conservait en vie pour pouvoir les manger plus tard. L'art du fabuliste consiste donc ici à raconter et à reconstituer les raisonnements de l'oiseau (« Cet oiseau raisonnait, il faut qu'on le confesse »). A la fin de cette fable, La Fontaine insère une petite note en prose, faite de deux phrases, qui, en apparence, se contredisent. D'abord :

> Ceci n'est point une fable ; et la chose, quoique merveilleuse et presque incroyable, est véritablement arrivée.

La Fontaine nous informe donc qu'il se situe ici aux limites de son genre : le récit animalier qu'on vient de lire ne relevait pas du genre ésopique (où le loup face à l'agneau fait ce que fait n'importe quel loup face à n'importe quel agneau), mais il s'agissait d'une anecdote animalière à proprement parler, d'un fait singulier, circonstancié, qui a été observé et rapporté. Mais il ajoute aussitôt :

---

1 J'ai présenté une première version de cette étude à l'ENS de Lyon le 13 octobre 2010 dans le cadre d'un colloque intitulé « L'animal au croisement de la philosophie, de la littérature, des arts et des sciences à l'âge classique (XVIe-XVIIIe s.) ». Je remercie les trois organisatrices, Delphine Kolesnik, Florence Lotterie et Michèle Rosellini (UMR 5037), de m'en avoir donné l'occasion.

2 Jean de La Fontaine, *Fables*, XI, 9, éd. Marc Fumaroli, Paris, Pochothèque, 1985, p. 666-668.

> J'ai peut-être porté trop loin la prévoyance de ce hibou ; car je ne prétends pas établir dans les bêtes un progrès de raisonnement tel que celui-ci ; mais ces exagérations sont permises à la poésie, surtout dans la manière d'écrire dont je me sers.

Or « la manière d'écrire dont je me sers », c'est la fable : donc, cette fable qui n'est pas une fable est bien une fable[3].

La Fontaine a en effet transporté dans son monde de fables un récit, à proprement parler une anecdote, qu'il avait découvert dans un tout autre contexte, à savoir l'*Abrégé de la philosophie de Gassendi*[4] publié en 1678 par un de ses amis, François Bernier. L'anecdote est présentée à travers un système de relais qui permet son attestation, relais dont la fable, en revanche, se passe tout à fait :

> [...] le Sr. Gaffarel nous a depuis peu assurez qu'un certain Augustin Réformé de ceux qui demeurent dans la forest de Fontainebleau, luy avoit dit que revenant un soir de la promenade à son Convent, il avoit apperceu un Oyseau sortir d'un trou d'un arbre qui estoit creux, et percé en deux endroits ; que le lendemain estant allé proche de l'arbre avec ses freres pour reconnoitre quel oyseau ce pouvoit estre, l'oyseau sortit au bruit [...].

Cette petite enquête aboutit à une découverte qui a de quoi surprendre nos religieux apprentis-naturalistes – ou dénicheurs :

> [...] taschant ensuite avec assez de peine de fourrer quelque chose par le trou d'en haut pour voir ce que c'estoit, ils apperceurent que le trou d'en bas estoit bouché, et [...] l'ayant ouvert ils trouverent dedans soixante et dix, ou quatre vingt souris tout vives, et des epys de bled pour remplir deux ou trois chapeaux, mais [...] toutes ces souris avoient les cuisses rompues. Ces souris devoient apparemment estre la provision du Hybou, qui leur auroit rompu les cuisses de peur qu'elles ne s'en fuissent, et qui leur auroit apporté des epys de bled pour les nourrir quelque temps, cependant qu'il les mangeroit l'une apres l'autre.

Cet emprunt de La Fontaine à Bernier nous renseigne évidemment sur l'orientation philosophique de La Fontaine : sa fable explicite, comme le faisait l'anecdote dans l'*Abrégé*, une forme de polémique contre la thèse cartésienne des animaux-machines. Mais cet emprunt est aussi une manière

3 La Fontaine ajoute un « Epilogue » en vers (p. 669), qui propose, comme l'avait déjà fait le « Discours à Madame de La Sablière » à la fin du livre IX, une synthèse sur son esthétique et sur l'intérêt qu'il trouve à donner ainsi la parole aux « êtres empruntant la voix de la nature » : « Truchement de peuples divers, / Je les faisais servir d'acteurs en mon ouvrage : / Car tout parle dans l'univers ; / Il n'est rien qui n'ait son langage ».

4 François Bernier, *Abrégé de la philosophie de Gassendi* (1678), t. VI, Paris, Fayard, « Corpus des œuvres de philosophie en langue française », 1992, livre VI, chap. 7, « De la Fin du mouvement des Animaux, et de leur Passage en des Regions etrangeres », pp. 374-375.

pour La Fontaine d'exhiber les limites du genre de la fable (qui n'accepte qu'avec difficulté d'intégrer une anecdote animalière de ce genre), tout en montrant qu'il est capable, lui, d'étendre ses limites. La Fontaine veut montrer que les fables disent quelque chose sur les animaux, sur la nature, quelque chose que certains philosophes peuvent également dire, ou réfuter, mais elles le font par d'autres voies, par d'autres formes de discours. C'est la particularité – la supériorité ? – des lettres : un recueil de fables est capable d'accueillir une anecdote trouvée chez un philosophe, alors que Gassendi ou Bernier n'auraient pas l'idée de réfuter les idées de Descartes en racontant les fables d'Esope, évidemment.

En 1678, paraît également, à Londres, la traduction anglaise due à John Ray d'une *Ornithologia*, publiée en latin en 1676, œuvre de son ami Francis Willughby, mort quatre ans plus tôt[5]. Cette *Ornithologia* et cette *Ornithology* marquent une date importante dans l'histoire de l'histoire naturelle, en ouvrant l'époque des « abrégés » : à partir de ce livre, et des autres livres de John Ray, qui seront une source majeure pour Linné, l'essentiel va être d'identifier des espèces en sélectionnant, dans la description, les traits fondamentaux qui permettent cette définition, et donc en sacrifiant ce que Buffon appellera plus tard le « fatras d'écritures »[6] qui encombrait jusque là les livres d'histoire naturelle. Aucun des chapitres consacrés aux différents rapaces nocturnes – La Fontaine parle d'un « chat-huant », Bernier parle d'un « hibou » – ne contient la moindre anecdote ni la moindre fable[7]. Parfois, la tentation est visible, mais les auteurs savent y résister. Dans le chapitre sur le rossignol, par exemple, Willughby et Ray reprennent encore l'éloge du chant du rossignol par Pline l'Ancien[8], mais se vantent d'omettre les célébrations

5 Francis Willughby, *Ornithologiæ libri tres, in quibus aves omnes hactenus cognitæ, in methodus naturis suis convenientem redactæ, accurate describuntur*, ed. John Ray, London, John Martyn, 1676 ; id., *The Ornithology in three books; to which are added three considerable discourses, I. Of the art of fowling, II. Of the ordering of singing birds, III. Of falconry, by John Ray*, translated into English by John Ray, Londres, John Martyn, 1678.

6 Buffon, *Premier discours. Sur la manière d'étudier et de traiter l'histoire naturelle* (1749), dans *Œuvres philosophiques*, éd. J. Piveteau, Paris, PUF, 1954, p. 15. Michel Foucault cite l'expression dans *Les Mots et les Choses. Une archéologie des sciences humaines*, Paris, Gallimard, 1966, rééd. Tel, p. 55. John Ray, dans la préface de l'*Ornithologia-Ornithology*, affirmait pour sa part qu'il se refusait à « écrire les Pandectes des Oiseaux [*Pandectæ Avium*] qui auraient compris tout ce qui avait été écrit sur eux par d'autres, que ce fût vrai, douteux et même faux [*sive vera, sive dubia, sive etiam falsa*], cela ayant été déjà fait de manière exhaustive par Gesner et Aldrovandi ».

7 *Ornithologia*, pp. 63-71.

8 Pline l'Ancien, *Histoire naturelle*, livre X, 81-85.

modernes[9] qui n'ont rien apporté à la connaissance de l'oiseau ; ils citent tout de même une longue anecdote rapportée en 1555 par Conrad Gesner dans son *Historia animalium*[10], située lors de la Diète de Ratisbonne en 1546 et concernant l'aptitude des rossignols à imiter la parole humaine, mais ils lui dénient explicitement toute fiabilité :

> Ces choses [*concernant l'art du chant chez le rossignol*], quoiqu'elles trouvent peu de crédit chez moi, paraîtront franchement croyables si on leur compare ce que Gesner a rapporté quant à l'étonnante faculté de ces oiseaux d'imiter la parole humaine, à partir du récit que lui avait adressé l'un de ses amis.[11]

John Ray n'aura plus, ensuite, qu'à supprimer ces petits récits, ces affects, ces douteux recopiages, pour parvenir enfin à une présentation méthodique de la matière, à une *Synopsis methodica avium* (« aperçu méthodique des oiseaux ») selon le titre de l'ouvrage, publié de manière posthume en 1713, qui entendra résumer l'ensemble du savoir nécessaire à la connaissance des oiseaux. Le chapitre sur le rossignol s'ouvre alors sur un cri de triomphe qui consacre un changement d'époque :

> Cet oiseau, qui tient son nom de son chant nocturne, a été très célèbre de tous temps. Mais ceux qui l'ont entendu si souvent chanter en pleine nuit, et qui tiennent sa voix en si haute estime, ignorent cependant le plus souvent la constitution de cet oiseau.[12]

Pour décrire correctement la *forma* de l'oiseau, cessons de raconter les délicieux instants pendant lesquels un rossignol s'est fait entendre à nos oreilles. Ne racontons plus, décrivons. Ou plus précisément, s'il arrive que la description savante d'un animal doive emprunter encore à des formes narratives[13], il s'agira désormais d'un récit d'expérience, dans lequel l'acteur sera le seul savant (mesurant ou disséquant pour mieux voir), non plus l'animal.

Ce que nous apprend ou rappelle cette coïncidence de dates, c'est que l'une des fonctions de l'anecdote animalière consiste à différencier les dis-

9 *Ornithologia*, p. 161, *Ornithology*, p. 221 (« The Rhetorical Harangues of Modern Writers in commendation of the *Nightingale* I studiously omit »).

10 Conrad Gesner, *Historiæ animalium liber III., qui est de avium natura*, Zurich, C. Froschauer, 1555, pp. 570-571.

11 *Ornithologia*, p. 161 ; *Ornithology*, p. 221.

12 John Ray, *Synopsis methodica avium et piscium, opus posthumum*, London, Gulielmi Innys, 1713, p. 78. (« Avis hæc, a cantu nocturno nomen adepta, omnibus seculis notissima est. At qui cantantem internoctu sæpius audiverunt, et vocem eius optime tenent, plerique tamen formam avis ignorant. »)

13 Voir Peter Dear, *Discipline and Experience. The Mathematical Way in the Scientific Revolution*, Chicago, University of Chicago Press, 1995 ; Christian Licoppe, *La Formation de la pratique scientifique. Le discours de l'expérience en France et en Angleterre (1630-1820)*, Paris, La Découverte, 1996, pp. 53-87.

cours sur les animaux. A partir de ces années-là, le statut qu'on donne aux anecdotes animalières – le crédit qu'on leur accorde, la place qu'on leur donne dans ce qu'on écrit, les conclusions qu'on en tire – permet à la fois de revendiquer des affiliations philosophiques et des appartenances disciplinaires. Il y aurait là un critère relativement pertinent pour classer sa bibliothèque : séparer ce qui relève des sciences et ce qui relève des lettres, ou bien, dans les lettres elles-mêmes, ce qui relève des belles-lettres et ce qui relève de la philosophie, ou encore ce qui relève d'un savoir scientifique sur les animaux et ce qui relève d'un savoir populaire. Le succès des ouvrages de Buffon fera éclore ainsi une série de livres mettant en avant l'ajout d'*anecdotes* pour signaler l'adaptation de l'œuvre naturaliste à un public élargi : *Beautés de l'histoire naturelle des quadrupèdes. Ouvrage rédigé d'après M. Buffon* [...] *augmenté d'un grand nombre d'anecdotes* (Paris, Chevalier, 1819), ou, par Ludovic Daubenton, *Le Buffon de la jeunesse, ou Nouvel abregé d'histoire naturelle, avec des anecdotes* (Paris, Ducasse, 1833). Dans les catalogues des libraires d'aujourd'hui, il convient aussi de ne pas confondre l'ouvrage de l'historien Robert Delort, *Les Animaux ont une histoire*, importante contribution à une « zoologie historique » empruntant ses données aux savoirs les plus divers mais dépourvue d'anecdotes[14], et celui de Michel De Decker, intitulé *Les Animaux qui ont* une *histoire*, recueil des « plus pittoresques récits des aventures des animaux qui ont joué un rôle important dans l'histoire », « rôle » dont l'« importance » se mesure précisément à l'aune du « pittoresque »[15].

Mais qu'en était-il auparavant ? Faut-il opposer à cette fonction de distinction conférée depuis la fin du XVIIe siècle à l'anecdote animalière une époque d'indifférenciation ? Patrick Dandrey a ainsi opposé les agencements opérés par La Fontaine, en particulier avec son second recueil, à ce qu'il appelle « le domaine naguère indivis de la fable »[16]. Il est pourtant peu probable que, cent ans avant La Fontaine, tout fût dans tout, ou que les auteurs et les lecteurs aient confondu alors une fable d'Ésope et l'observation d'un animal, ou une description anatomique et la première légende venue. Plus

14 Robert Delort, *Les Animaux ont une histoire*, Paris, Seuil, 1984. Voir également Xavier de Planhol, *L'Homme et la grande faune : une zoogéographie historique*, Paris, Fayard, 2004.

15 Michel De Decker, *Les Animaux qui ont une histoire*, Paris, Jean Picollec, 1993. Cette tradition des « animaux historiques » (Ortaire Fournier, *Les Animaux historiques*, Paris, Garnier, 1887) ou des « animaux célèbres » (Fernand Méry, *Les Animaux célèbres*, Denoël, 1964) conserve visiblement son public et mériterait en soi une étude historique. Michel Pastoureau a récemment interrogé cette tradition à la lumière de l'anthropologie historique : Michel Pastoureau, *Les Animaux célèbres*, Paris, Arléa, 2008.

16 Patrick Dandrey, *La Fabrique des fables. Essai sur la poétique de La Fontaine*, Paris, Klincksieck, 1992, p. 150.

prudemment, sans doute, peut-on se fonder sur la place qu'occupaient les anecdotes animalières dans les livres du XVIe siècle. Plutôt que tenir pour acquise une forme d'indifférence à l'égard de cette division des discours et des savoirs, il faut du moins considérer que les lecteurs de ces livres faisaient, par leur lecture, l'expérience d'une contiguïté essentielle entre différents discours sur les animaux et peut-être peut-on avancer l'idée que l'anecdote animalière était un agent important de cette contiguïté. A l'âge de l'encyclopédie zoologique renaissante[17], l'anecdote animalière établissait un lien entre des discours différents, bien plus qu'elle ne servait à les différencier.

Dans ce que John Ray nomme plaisamment les *Pandectes* de Gesner ou d'Aldrovandi, où trouve-t-on des anecdotes ? Un peu partout, à dire vrai. Autrement dit, parmi les rubriques selon lesquelles les deux auteurs, par des voies similaires mais différentes, entreprennent d'organiser, pour chaque animal, la masse de faits qu'il leur paraît indispensable de réunir, et qui proviennent à la fois à la fois du corpus zoologique antique et moderne, de leurs multiples lectures adjacentes, de leurs propres observations ou de leurs nombreux correspondants, aucune n'est spécifiquement consacrée aux anecdotes : celles-ci n'apparaissent donc jamais comme un ajout destiné, comme l'écrira dans sa préface l'auteur du *Buffon de la jeunesse*, à « rendre plus agréable » l'histoire naturelle[18] ; elles en font partie, et le lecteur ne peut jamais l'oublier. Dans les huit rubriques choisies par Conrad Gesner pour son *Historia animalium* (1551-1587), des anecdotes pourront apparaître, sous une forme plus ou moins développée, dans celles consacrées à l'habitat et à la morphologie (B), à la physiologie (C), aux mœurs (D), à l'utilité (E), à l'intérêt alimentaire (F), à l'intérêt médical (G), enfin dans la rubrique « philologique », réunissant des informations sur ce qui a pu être dit de l'animal (H). Seule la première rubrique, consacrée au nom de l'animal dans les différentes langues (A), semble ne pas être concernée. Pour ne citer que deux anecdotes dont Gesner offre la première attestation, l'histoire des rossignols imitant les discussions humaines lors de la Diète de Ratisbonne en 1546 se

---

17 Pour une présentation synthétique de cette production, voir Laurent Pinon, *Livres de zoologie de la Renaissance : une anthologie (1450-1700)*, Paris, Klincksieck, 1995 ; pour une vision plus extensive, voir *Early Modern Zoology. The Construction of Animals in Science, Literature and the Visual Arts*, ed. Karl A. E. Enenkel and Paul J. Smith, Leiden, Brill, 2007. Pour situer la place de la zoologie dans l'histoire naturelle en général, voir Paula Findlen, « Natural History », dans *The Cambridge History of Science. 3. Early Modern Science*, ed. Katharine Park and Lorraine Daston, Cambridge University Press, 2006, pp. 435-468 ; Brian W. Ogilvie, *The Science of Describing. Natural History in Renaissance Europe*, Chicago – London, University of Chicago Press, 2006.

18 Ludovic Daubenton, *Le Buffon de la jeunesse*, p. 2.

trouvera ainsi, à l'intérieur de la rubrique physiologique (C), dans un alinéa intitulé *Cantus*[19], parce qu'elle nous renseigne sur ce que les qualités corporelles du rossignol lui permettent de réaliser sur le plan sonore ; mais on lira celle du perroquet d'Henri VIII tombé dans la Tamise qui se sauve en interpellant un batelier dans la rubrique « philologique » (H), à côté de l'histoire du roi libyen Psaphon (Apsephas), qui élevait des perroquets afin que ceux-ci crient ses louanges[20]. Cette dimension transversale des anecdotes est confirmée dans le chapitre consacré au chien. Gesner distingue une partie « Du chien en général » (« *De Cane in genere* »)[21], de laquelle les anecdotes ne sont pas absentes, d'une autre qu'il intitule « De différents chiens » :

> Jusque là j'ai dit au sujet des chiens ce qui semblait commun à tous les chiens : il reste à écrire ce qui concerne en particulier différents chiens. C'est pourquoi je parlerai d'abord, dans l'ordre alphabétique, des chiens dont nous sont parvenues des histoires, mais que l'on ne peut pas facilement mettre au nombre d'aucun des genres suivants. Et ensuite, pour ce qui concerne les différents genres de chiens de chasse, de berger, de compagnie, de garde, je rapporterai les choses séparément, pour chaque genre.[22]

Dans cette seconde partie, la diversité des anecdotes, qui concernent le chien d'Alexandre le Grand comme des chiens observés à Bologne ou à Paris par des correspondans de Gesner, vient donc harmonieusement compléter le discours sur la diversité des genres de chien. Les anecdotes n'ornent pas le discours naturaliste : elles lui permettent de prolonger, comme à l'infini, sa représentation de la diversité du monde. En tout cela, comme dans son intérêt marqué pour les noms d'animaux et leur étymologie, Gesner entend bien être celui qui aura écrit le plus extensivement *l'histoire*, y compris donc *les histoires* des animaux[23].

---

19 Gesner, *Historiæ animalium liber III.*, 1555, p. 569.

20 *Ibid.*, p. 693.

21 Conrad Gesner, *Historiæ animalium liber I. de Quadrupedibus viviparis*, Zurich, C. Froschauer, 1551, p. 173.

22 *Ibid.*, p. 235 (« Hactenus de canibus dixi ea quæ canibus communia omnibus videbantur : reliquum est ut quæ singulatim ad canes diversos pertinent conscribam. Itaque primo loco ordine literarum dicam de iis canibus, quorum historiæ extant aliquæ, nec tamen ad ullum genus sequentium commode referri possunt. Nam quæ ad venaticorum genera diversa, vel pastorales, vel socios, vel custodes, etc. pertinent, seorsim postea ad suum quæque genus referam. »)

23 Sur cette notion centrale chez Gesner, voir Udo Friedrich, *Naturgeschichte zwischen artes liberales und frühneuzeitlicher Wissenschaft. Conrad Gessners « Historia animalium » und ihre volkssprachliche Rezeption*, Tübingen, Max Niemeyer Verlag, 1995, en part. pp. 74-142 ; Laurent Pinon, « Gessner and the Historical Depth of Renaissance Natural History », dans *Historia. Empiricism and Erudition in Early Modern Europe*, ed. Gianna Pomata and Nancy G. Siraisi, Cambridge (Mass.) – London, MIT Press, 2005, pp. 241-267.

La liste des rubriques retenues par Aldrovandi est moins stable que celle de Gesner, dont elle procède assurément, mais qu'elle fragmente et raffine presque sans limite et que surtout elle adapte à la situation de chaque animal considéré[24] : le chapitre sur le lion comprend ainsi cinquante-et-une rubriques, qui suivent le même mouvement d'ensemble que chez Gesner, commençant avec des questions de dénomination et de description physique et s'orientant vers l'évocation des discours tenus sur l'animal, y compris, dans ce cas, une rubrique sur les pièces de monnaie (*Numismata*) et une autre sur les martyrs (*Usus in supplicis*)[25]. Cette diversification des rubriques ne fait que renforcer le phénomène que nous observions chez Gesner : l'anecdote est partout. Mais la pratique d'Aldrovandi, aussi désordonnée et « fatrasique » qu'elle paraisse, permet néanmoins de mettre en évidence les deux pôles qui structurent cet immense espace dans lequel les anecdotes animalières prennent sens : celui des *Mores* et celui des *Usus*. C'est par exemple dans des rubriques intitulées *Mores. Ingenium* qu'apparaissent ici les rossignols de Ratisbonne[26] comme le perroquet d'Henri VIII[27], que Gesner utilisaient respectivement pour parler de « physiologie » et d'« histoire » : pour Aldrovandi, les deux anecdotes permettent de nourrir un discours sur le « comportement » et l'« aptitude » du rossignol. D'un autre côté, c'est la notion d'*Usus* qui permet à Aldrovandi de donner une cohérence à la diversité de sa documentation sur la présence des animaux dans l'histoire : l'utilisation de l'animal dans l'alimentation, dans les divertissements, dans l'élevage, dans l'art de la guerre, tout est l'occasion de raconter quelque chose de plus sur l'animal. Lorsqu'il évoque dans ses préfaces l'« utilité » de son entreprise[28], Aldrovandi est intarissable : tout peut servir, dit-il, dans la connaissance des animaux, servir à bien vivre comme à bien parler de la nature, ce qui revient toujours à bien louer le Créateur à travers l'admirable diversité de sa création. Cependant, s'il s'agit seulement de se servir d'un animal mort ou des productions ou déjections d'un animal vivant, l'anecdote animalière ne sera pas de mise, pas plus qu'il n'existe d'anecdotes végétales ou minérales : elle interviendra lorsque l'usage implique une forme d'interaction avec le

24 Voir Christa Riedl-Dorn, *Wissenschaft und Fabelwesen. Ein kritischer Versuch über Conrad Gessner und Ulisse Aldrovandi*, Wien – Köln, Böhlau Verlag, 1989, pp. 34-41 ; Laurent Pinon, « Entre compilation et observation : l'écriture de l'ornithologie d'Ulisse Aldrovandi », *Genesis*, 20, 2003, pp. 53-70.

25 Ulisse Aldrovandi, *De quadrupedibus digitatis viviparis libri tres et de quadrupedibus digitatis oviparis libri duo*, Bologne, N. Tebaldinus, 1645, pp. 2-63.

26 Aldrovandi, *Ornithologiæ tomus alter, De avibus terrestris mensæ inservientibus et canoris*, Bologne, J. B. Bellagamba, 1600, p. 782.

27 Aldrovandi, *Ornithologiæ hoc est de avibus historiæ libri XII*, Bologne, F. de Franciscis, 1599, p. 649.

28 *Ibid.*, pp. 1-6.

comportement de l'animal, lorsque les *Usus* humains sont susceptibles de croiser les *Mores* de l'animal. Les anecdotes animalières ont ceci de propre qu'elles nous informent à la fois sur les comportements et les aptitudes des animaux et sur nos propres usages, nos comportements, nos manières de vivre mettant à profit l'existence des animaux. L'anecdote sur le perroquet d'Henri VIII, qui trompe un batelier par une fausse promesse pour que ce dernier le sauve de la noyade, ne nous en apprend pas plus sur ce que sait faire un perroquet que sur le prix qu'on accorde à la vie d'un animal familier à la cour d'Angleterre, c'est-à-dire sur les modes de présence de cet animal dans un espace social complexe, où le château royal voisine avec le monde des bateliers de la Tamise, et sur le jeu des interprétations auxquelles son comportement donne lieu. Inversement, pour que ce comportement devienne la matière d'une anecdote et non plus seulement d'une mention, il faut que se mette en place la figure d'un témoin humain, qu'il soit ou non le scripteur de l'anecdote, témoin plus ou moins actif mais qui partage nécessairement la scène de la narration avec l'animal considéré.

Dans son livre *L'Animal singulier*, Dominique Lestel a consacré d'importantes analyses à l'anecdote animalière et au rôle qu'elle joue dans les débats d'aujourd'hui, souvent très vifs, concernant l'esprit des animaux, visant à établir ce qui, sur le plan neuronal, cognitif ou éthique, rapproche et différencie l'homme des autres animaux. Lestel constate que, dans ces débats, les savants se jettent à la figure des anecdotes, qu'il définit comme des « séquences comportementales », par exemple sur ce qu'a fait tel ou tel primate ; on discute sans fin de la fiabilité de l'anecdote, on lui en oppose éventuellement une autre qui montre le contraire, tout en rêvant d'un protocole expérimental qui permettrait de trancher la discussion en nous faisant quitter cette sphère instable, peu probante scientifiquement, de l'anecdote. Il fait alors la remarque suivante :

> L'existence même d'anecdotes « signifiantes » constitue pourtant un argument puissant en faveur d'une vie non mécanique de l'animal. Personne n'a d'anecdotes semblables à raconter sur son grille-pain ou sur sa bicyclette. La vie de l'animal excède les discours humains qu'elle peut générer, alors qu'un ensemble de discours, complémentaires les uns des autres, peut décrire exhaustivement la machine [...]. Dans le cas de l'animal, nous adoptons d'emblée une posture herméneutique. Nous estimons volontiers que le comportement de l'animal a un sens et nous reconnaissons que, si certains comportements sont difficiles à expliquer, nous pouvons tout au moins essayer de les comprendre. Le comportement de l'animal ne nous est pas transparent, et c'est cette opacité même qui le rend aussi signifiant pour nous.[29]

29 Dominique Lestel, *L'Animal singulier*, Paris, Seuil, 2004, pp. 61-63. Les analyses de l'auteur sur l'invention de la « biographie animale » au XXe siècle (p. 74) mériteraient

La dernière formule peut paraître très montaignienne, si on a en tête les pages de l'*Apologie de Raimond Sebond*, voulant témoigner, par des anecdotes empruntées à Plutarque ou à Pline l'Ancien, de la « moyenne intelligence » qui existe entre nous et les animaux, communication fondamentalement imparfaite et pourtant irrécusable[30]. Dans la perspective de Dominique Lestel, il s'agit d'orienter l'analyse vers ce qu'il appelle les « communautés hybrides homme/animal », telles que chaque culture humaine en organise et à l'occasion desquelles se trouvent « partagés des intérêts, des affects et du sens »[31]. On peut considérer que la place réservée à l'anecdote par Gesner ou Aldrovandi fut une manière de faire exister, sous les yeux du lecteur, des communautés de ce genre, de lui montrer qu'elles sont le tissu même de sa culture, c'est-à-dire aussi bien de sa connaissance de la nature que des plaisirs qu'il peut y trouver.

Les auteurs des encyclopédies renaissantes, toutefois, ne se sont guère expliqués sur cette aptitude de l'anecdote animalière à articuler deux de leurs visées essentielles : présenter l'animal vivant, par la description et la narration, et décrire l'étendue des usages que les hommes ont faits ou font de lui. Ils n'avaient sans doute pas à le faire dans la mesure où cette articulation allait de soi : le naturaliste le plus attentif se devait d'être aussi un moraliste. Comme l'a montré Brian W. Ogilvie, la notion même d'*histoire* naturelle, telle que ces auteurs la redéfinissaient alors, permettait aisément d'inclure dans l'héritage de la science aristotélicienne la tradition du récit exemplaire à visée édifiante[32]. Mais, là encore, comme Montaigne l'a bien compris, l'anecdote animalière introduit une dimension particulière : à la leçon morale et à la célébration de la création se joint une interrogation herméneutique. L'anecdote animalière, telle que la pratiquent les naturalistes du XVIe siècle, emprunte à l'*exemplum* l'idée d'un témoignage narratif ancré dans l'expérience et à portée didactique ou édifiante mais elle marque aussi le refus de subordonner la description (*historia*) de l'animal à un discours moral : le témoignage qu'elle apporte sur l'animal et sur notre relation avec lui ne se dissout pas dans sa lecture morale. Le jésuite Antoine de Balinghem, au dé-

par ailleurs une mise en perspective, à la lumière de l'histoire de la zoologie et des anecdotes animalières.

30 Montaigne, *Essais*, II, 12 (« Apologie de Raimond Sebond »), éd. P. Villey, Paris, PUF, « Quadrige », 1988, p. 453 (« Il nous faut remarquer la parité qui est entre nous. Nous avons quelque moyenne intelligence de leur sens ; aussi ont les bestes du nostre, environ à mesme mesure. »).

31 Lestel, *L'Animal singulier*, p. 19.

32 Brian W. Ogilvie, « Natural History, Ethics, and Physico-Theology », dans *Historia. Empiricism and Erudition in Early Modern Europe*, ed. Gianna Pomata and Nancy G. Siraisi, Cambridge (Mass.) – London, MIT Press, 2005, pp. 75-103.

but du XVIIe siècle, aura bien conscience de devoir inverser le dispositif lorsqu'il essaiera de tirer du savoir naturaliste une *Zoopédie* chrétienne, dans laquelle chaque emprunt à Pline ou Élien trouve sa place, aux côtés de l'Écriture sainte et des *hexamera* patristiques, dans un classement alphabétique des notions morales. L'auteur cite bien Plutarque afin de fonder son entreprise de refondation du bestiaire chrétien sur l'existence, dans les animaux, de « traces de sagesse, de raison et de vertu » (*prudentiae, rationis virtutisque vestigia*)[33], mais dans les quelques anecdotes présentes, empruntées à la vie des saints ou à celles des missionnaires jésuites comme celle du Père Joseph Anchieta[34], les faits rapportés n'ont pas pour fonction de nous apprendre quelque chose sur l'animal : celui-ci est réduit, conformément à la source édifiante de laquelle il provient, à un emploi pré-déterminé par la leçon morale.

Il n'en allait certes pas ainsi pour un Conrad Gesner et ce dernier eut l'occasion de s'en expliquer brièvement lorsqu'il entreprit de défendre le naturaliste ancien dont l'œuvre accorde la plus grande place aux anecdotes, à savoir Élien. L'œuvre zoologique d'Élien, rédigée au début du IIIe siècle ap. J.-C., est considérée comme le meilleur témoignage qui nous soit resté de l'évolution de la zoologie dans l'antiquité tardive, lorsque l'héritage aristotélicien, fondé sur le désir de connaissance de la nature et sur la quête d'un principe de classification céda le pas à « la valorisation du particulier »[35], de ce que le titre d'Élien nomme l'*idiotès* des animaux. Cette valorisation consistait à la fois en un changement dans la structuration du discours savant, qui accordait une place nouvelle à la singularité des faits ou aux paradoxes, et en un changement d'attitude à l'égard des animaux, dont l'épilogue d'Élien donne une formulation frappante :

> [...] j'avoue que je suis très peiné, tandis que je célèbre la piété des bêtes, d'avoir à stigmatiser l'impiété des hommes ; mais nous ne nous attarderons pas sur ce dernier point.[36]

Conrad Gesner publia en 1556 l'*editio princeps* des *Opera* d'Élien[37], exploitant des manuscrits grecs que lui avait communiqués son protecteur Johann

---

33 Antoine de Balinghem, *Ζωοπαιδέια, seu Morum a brutis petita institutio ordine alphabetico tum virtututum, tum vitiorum*, Saint-Omer, Charles Boscart, 1621, p. 1.

34 *Ibid.*, p. 380.

35 Voir Arnaud Zucker, *Aristote et les classifications zoologiques*, Louvain-la-Neuve, Peeters, 2005, pp. 311-322. Voir également Roger French, *Ancient Natural History. Histories of Nature*, London – New York, Routledge, 1994, pp. 256-303 (« Animals and Parables »).

36 Élien, *La Personnalité des animaux. Livres X à XVII*, Épilogue, trad. A. Zucker, Paris, Belles Lettres, 2002, p. 205.

Jacob Fugger, et joignant sa propre traduction latine de l'œuvre zoologique. Dans les pièces liminaires, il explique le sens des corrections qu'il a dû apporter à la traduction latine du *De animalium natura* qu'avait publiée Pierre Gilles à Lyon en 1533 : elles portent essentiellement sur la complétude du texte et sur le respect de l'ordre – ou du désordre – du texte d'Élien. Gesner a compris l'importance du Prologue et de l'Épilogue, que Pierre Gilles omettait, dans lesquels Élien explique son projet : en cherchant à connaître les « caractéristiques particulières » (les *idia* dans le grec d'Élien, que Gesner traduit par *propriae naturae*) de chaque animal, il ne s'agit pas d'établir les critères définitoires de l'espèce ou des principes de classification, mais de structurer la connaissance que l'homme peut avoir d'un animal à partir de ce qu'il a de plus singulier. Ces « singularités » animales, pour parler comme au XVIe siècle[38], consistent en des faits attribuables à telle ou telle espèce ou à une espèce mise dans telle ou telle situation ou encore à tel ou tel spécimen dans une situation donnée – et ce sera la part de l'anecdote animalière à proprement parler. La quête des « singularités » a donc pour corollaires la brièveté des notices et leur désordre, désordre revendiqué par Élien dans son Épilogue et parfaitement analysé par Gesner[39]. Elle implique aussi, comme l'écrit Arnaud Zucker, « l'idée que l'animal ne se limite pas à un organisme et constitue un réseau de significations psychologiques et culturelles dont le rôle du naturaliste est de rendre compte de la manière la plus exhaustive possible »[40]. Dans son Épilogue, Élien établit la supériorité de cette forme de connaissance sur l'art de la chasse, qui consiste à s'emparer finalement du corps d'un animal, donc à réduire l'existence de ce dernier plutôt qu'à l'honorer et à la révéler : en revanche,

---

37 *Claudii Æliani Prænestini pontificis et sophistæ* [...] *opera, quæ extant, omnia* [...], ed. Conrad Gesner, Zurich, Fr. Gesner, 1556. Ces *Opera* joignaient alors aux ouvrages d'Élien le Sophiste ceux d'un autre auteur, qu'on a identifié depuis comme Élien le Tacticien.

38 Sur la notion de « singularité » et son rôle dans le savoir naturaliste de la Renaissance, voir Jean Céard, *La Nature et les prodiges. L'insolite au XVIe siècle en France*, Genève, Droz, 1977 ; Lorraine Daston and Katharine Park, *Wonders and the Order of Nature, 1150-1750*, New York, Zone Books, 2001, en part. pp. 135-172. Cette notion est souvent associée, dans les études sur la Renaissance, à l'univers des « cabinets de curiosité », au détriment de son importance dans les études, finalement bien plus considérables, consacrées à l'animal vivant, envisagé dans son milieu, son comportement, ses relations avec les hommes. Sur cette question, voir Michel Jourde, « Mort ou vif ? Modes de conservation et connaissance des animaux à la Renaissance : le jardin, le cabinet, la volière », *Cahiers V.-L. Saulnier*, n° 25, 2008 (« Le théâtre de la curiosité »), pp. 123-138.

39 *Æliani opera*, 1556, « De Petri Gilii interpretatione et ordine scriptorum Æliani de animalibus », sig. a3.

40 Arnaud Zucker, *Aristote et les classifications zoologiques*, p. 316.

> [...] si un homme, après les avoir traquées, exhibe les propriétés d'un si grand nombre d'animaux et met en lumière leurs habitudes, leurs formes, leur savoir, leur présence d'esprit, leur sens de la justice, leur tempérance, leur courage, leur tendresse et leur piété, comment pourrait-il ne pas mériter l'admiration ?[41]

L'exhibition de ces qualités morales des animaux constitue bien, comme chez Plutarque, comme dans l'« Apologie de Raimond Sebond », une leçon d'humilité adressée aux hommes ; mais cette dimension éthique n'est pas dissociable, chez Élien, du projet d'offrir la somme la plus exhaustive du savoir zoologique disponible, par la représentation inlassable des animaux vivants et des relations que les hommes nouent avec eux[42]. C'est pourquoi le lexique de Gesner ne cesse d'osciller, pour défendre l'intérêt des matériaux réunis par Élien, entre l'*exemplum* et l'*historia.* Le cadre général de sa défense emprunte à la rhétorique de l'*exemplum*, au nom de laquelle il n'est pas surprenant d'aller emprunter au monde animal des modèles ou des contre-modèles pour régler les comportements humains. Gesner consacre ainsi deux de ses pièces liminaires à cette fonction « exemplaire » du monde animal tel que le décrit Élien[43] : mais il commence la première en soulignant que, dans les livres d'Élien, le rôle de cette philosophie morale est de constituer « un équilibre et une harmonie » (*temperamentum quoddam et harmonia*) avec la philosophie naturelle, et, après avoir classé les différents usages moraux que l'on peut faire du monde animal, il conclut en parlant de l'« admiration » que les animaux suscitent chez l'homme, par leur rareté lorsqu'ils sont « exotiques », ou par d'autres qualités physiques ou comportementales lorsqu'ils sont « domestiques » ou « familiers »[44]. Le livre d'Élien n'est donc pas réductible à un bestiaire édifiant qui préfigurerait simplement le *Physiologos*[45] et, partant, les bestiaires médiévaux. Mais la

---

41 Élien, *La Personnalité des animaux (X-XVII)*, Épilogue, p. 205 (*Æliani opera*, 1556, p. 365).

42 Cette dernière dimension est encore soulignée, dans l'édition de Gesner, par la succession du *De animalium natura* (qui s'achève p. 365) et de la *Varia historia* (qui commence p. 367), composée selon les mêmes principes mais consacrée cette fois conjointement aux hommes et aux animaux.

43 *Æliani opera*, 1556, sig. a4-a5v° (« De vi exemplorum, quæ in animalibus brutis Homini, tum in bonis moribus et actionibus, imitandi : tum in malis, declinandi gratia proponuntur ») et sig. b1v°-b2 (« De exemplis et argumentorum ratione in genere quædam, et quod ab animalibus efficassima sumantur »).

44 *Ibid.*, sig. a5v° : « Multa sunt animalia peregrina, quæ sua raritate possunt excitare, et oblectare audientes quippiam de ipsorum natura referri. Multa domestica quidem et familiaria nobis, sed magnitudine, aut robore, aut alia dote corporis ingeniique pollent. »

45 *Physiologos. Le bestiaire des bestiaires*, éd. et trad. Arnaud Zucker, Grenoble, Jérôme Million, 2004. On a longtemps caricaturé la symbolique animalière issue de ce traité, rédigé sans doute en Égypte au IIe siècle, en minorant sa souplesse et son adaptabilité. Il

dimension *exemplaire* ne risque-t-elle pas alors de disparaître derrière la pure et simple curiosité à l'égard des *naturalia* et derrière le plaisir pris à les fréquenter ? C'est sans doute pour répondre à cette question et pour éviter tout reproche quant à une « curiosité » excessive à l'égard du monde naturel[46] que, dans la seconde pièce, Gesner revient sur la notion d'exemple, « afin que personne ne pense qu'[il a] abusé de ce mot », et qu'il l'élargit autant qu'il le peut en introduisant des nuances entre *exemplum* à proprement parler, *similitudo*, *parabola*, *chria* et *fabula*. Pour Gesner, lecteur avisé d'Élien, raconter une histoire sur un animal, fût-elle d'ailleurs fabuleuse[47], c'est toujours à la fois offrir aux hommes un élément de comparaison, donc d'amendement possible, et continuer de leur apprendre dans quel monde ils vivent. Dans une telle perspective, on le voit, toute forme de complétude est exclue, puisque pour décrire en entier un animal, il faudrait raconter ce qu'ont fait tous les spécimens et tout ce que les hommes ont fait de chacun de ces spécimens. Mais raconter quelque chose sur un animal, qu'il s'agisse d'un événement historique, d'une aptitude avérée de l'espèce, d'une observation étonnante, ou encore d'un fait que lui attribue la tradition ou la fantaisie d'un poète, cela revient toujours à faire se rencontrer les comportements d'un animal – sa nature, son aptitude – et nos propres usages.

Ces rencontres, on s'en doute, ne sont évidemment pas l'objet du seul savoir zoologique et les enjeux de l'anecdote animalière me semblent devoir être envisagés aussi sous un autre angle : non plus comme élément d'un discours savant permettant d'unifier et d'articuler celui-ci, mais comme un élément transposable de discours en discours, permettant d'éclairer des phénomènes d'hybridation générique et discursive propres à d'autres types de livres du XVIe siècle. Ces phénomènes nous situent donc à l'exact opposé de la bibliothèque bien rangée que l'on évoquait en commençant : en ouvrant des livres pour suivre le parcours de telle ou telle anecdote animalière, on découvre plutôt une bibliothèque mobile, mouvante, dans laquelle de nombreux livres demeurent difficiles à ranger. La contiguïté que l'on a repérée à l'intérieur des grandes encyclopédies zoologiques renaissantes opère aussi à l'échelle de la bibliothèque.

---

n'en demeure pas moins que l'anecdote animalière, qui fait passer au premier plan la dimension circonstancielle du savoir sur les animaux, est fondamentalement étrangère à cette tradition.

46 Voir Jean Céard, « La curiosité et la science naturelle, à la Renaissance », dans *La Curiosité à la Renaissance*, éd. J. Céard, Paris, Sedes, 1986, pp. 14-18.

47 Gesner justifie le fait qu'il conserve, contrairement à Pierre Gilles, des faits qui lui paraissent « fabuleux », parce qu'ils peuvent permettre d'interpréter des passages obscurs des auteurs anciens (« De Petri Gilii interpretatione et ordine », sig. a3).

La première forme de contiguïté qui vient à l'esprit, concernant l'anecdote animalière, est celle de l'histoire naturelle et de la fiction narrative, et tout particulièrement de la littérature facétieuse. L'anecdote du perroquet d'Henri VIII, qui se trouve chez Gesner et qui est ensuite reprise par Aldrovandi, peut être ainsi considérée comme un élément d'un corpus de récits brefs mettant en scène un perroquet qui se moque d'une personne – ou semble se moquer de cette personne[48] : ce corpus comprendrait une autre anecdote produite en contexte « naturaliste », rapportée par Charles de L'Escluse à propos du perroquet d'un de ses amis, Philippe de Marnix, mais aussi un fait divers parisien du temps des Guerres de religion, mentionné dans le *Journal* de Pierre de L'Estoile, et encore une histoire plaisante située à la même époque mais rapportée dans un recueil de facéties de 1643, les *Contes aux heures perdues du sieur d'Ouville*. Certains recueils facétieux du XVIe siècle sont très riches du point de vue des comportements animaliers, avec des récits qui, à leur tour, peuvent nourrir les écrits des naturalistes ou des médecins : c'est ainsi qu'on lit dans les *Nouvelles recreations et joyeux devis* de Bonaventure des Périers une histoire sur un singe qui guérit son maître en le faisant rire[49], histoire qui sera reprise, et complétée par deux autres similaires, dans le *Traité du ris* du médecin Laurent Joubert[50], tandis que des anecdotes comparables seront recensées par Aldrovandi dans la rubrique *Natura, Mores, Ingenium* de l'article consacré au singe[51]. Ce contact entre savoir naturaliste et littérature facétieuse se place donc sous le signe du pittoresque : dans la diversité des usages que les hommes font des animaux et dans la diversité des actions animales, il y a de quoi surprendre et faire rire, de quoi interroger aussi, quant à ce qui fait agir les animaux de telle ou telle manière.

L'exemple des *Nouvelles recreations et joyeux devis* permet d'envisager une deuxième forme de contiguïté, surprenante pour nous mais familière au XVIe siècle : celle de la facétie et de la fable. Les facéties sont censées nous faire rire dans la mesure même où elles racontent des histoires réalistes, ancrées dans le monde social tel qu'on le connaît, mais au XVIe siècle, il arrive que cette tradition-là cohabite, dans un même livre, avec les fables ésopiques, comme si l'on avait mélangé les *Contes* et les *Fables* de La Fontaine.

---

48 Sur ce corpus, voir Michel Jourde, « Rire des bêtes : l'ivresse du perroquet », dans *Rire à la Renaissance*, Actes du colloque de Lille, 6-8 novembre 2003, dir. Marie-Madeleine Fontaine, Genève, Droz, 2010, pp. 181-193.

49 Bonaventure Des Périers, *Nouvelles recreations et joyeux devis, I-XC* [1558], éd. Krystyna Kasprzyk, Paris, STFM, 1980, Nouvelle 89, pp. 305-307.

50 Laurent Joubert, *Traité du ris, contenant son essance, ses causes, et mervelheus effais, curieusement recerchés, raisonnés et observés*, Paris, N. Chesneau, 1579, pp. 332-334.

51 Aldrovandi, *De quadrupedibus* [...], pp. 228-229.

Dans le recueil de Des Périers, par exemple, juste avant deux histoires de singes familiers (Nouvelles 88 et 89), on lit un récit intitulé « De le pie, et de ses piauz », qui est bel et bien une fable à la manière d'Ésope :

> C'est trop parlé de ces hommes, et de ces femmes, Je vous veulx faire un compte d'oyseaux. C'estoit une pie qui conduisoit ses petis piauz par les champs, pour leur apprendre à vivre [...]. Mes enfants, dit-elle, allez vous en par les champs : vous estes asses grans pour chercher vostre vie [...].[52]

Le « conte d'oiseaux » n'oubliera pas tout à fait les hommes – pas plus que ne l'oublient de nombreux apologues de la tradition ésopique – puisque la pie essaiera d'apprendre à ses petits à se méfier des hommes, de leurs arbalètes et de leurs pierres. Des Périers est visiblement intéressé par cette proximité de la facétie et de la fable, comme le montre une autre histoire, intitulée « Des finesses et actes memorables d'un Regnard qui estoit au Bailly de Maine la Juhès »[53] : cette fois, l'histoire commence comme une anecdote sur un animal domestique qui ennuie le voisinage et elle semble donc s'insérer, à l'échelle du recueil, dans un ensemble de nouvelles où l'animal familier (chiens, chevaux, ânes, singes ...) joue un rôle important ; mais, en quelques pages, elle devient une fable animalière, qui doit à la fois à Ésope et au *Roman de Renart*, où l'on voit le renard tenir de vibrants discours à ses congénères et passer finalement en jugement, avant d'être « pendu et estranglé au chasteau de Maine ».

On aurait tort de voir seulement dans cette hybridité l'expression extrême de l'originalité du recueil de Des Périers. On peut même dire qu'elle est constitutive de cette culture facétieuse renaissante, au moins depuis que Lorenzo Valla, reprenant le terme choisi par son ennemi Le Pogge, a intitulé *Facetiae morales* son recueil d'apologues latins tirés d'Ésope. Si le premier traducteur français, Guillaume Tardif, a dissocié les *facecies* du Pogge et les *apologues et fables* de Valla, on constate que, dans le recueil lyonnais de 1531 intitulé *Le Parangon de nouvelles honnestes et delectables*, les adaptations de vingt facéties du Pogge se combinent à celle de sept apologues de Valla, le reste du recueil provenant du *Décaméron* (quinze nouvelles) et des aventures de Till Eulenspiegel (cinq)[54]. Les raisons de cette hétérogénéité sont multiples mais le lecteur comprend vite que les animaux constituent l'un des moyens utilisés par l'éditeur pour assurer la cohérence du recueil par delà la disparité des sources : lorsque les facéties-apologues, caractérisées par leurs histoires d'animaux humanisés, apparaissent dans le recueil, à

52 Des Périers, *Nouvelles recreations* [...], Nouvelle 87, pp. 299-300.

53 *Ibid.*, Nouvelle 29, pp. 134-139.

54 *Le Parangon de nouvelles* [1531], éd. Gabriel A. Pérouse, Genève, Droz, 1979.

partir de la Nouvelle 41 (« L'âne et le loup »), le lecteur s'est déjà familiarisé avec des narrations centrées sur les relations que des hommes et des femmes entretiennent avec des animaux, et cela dès la première nouvelle, empruntée à Boccace (*Décaméron*, V, 9), histoire du faucon qu'un seigneur entretient avec amour avant de le sacrifier, pour son malheur, à son amour pour une veuve. Il a même lu une histoire (Nouvelle 9), empruntée au Pogge (*Facéties*, 36), dans laquelle un animal est déjà traité, facétieusement, comme un humain : un curé provoque son méchant évêque en enterrant son chien au cimetière, au vu et au su de ses paroissiens, et se défend de tout péché en précisant que le chien a laissé un testament en faveur de l'évêque. Il n'y a donc pas que dans les fables que les animaux sont humanisés : ils le sont dans le jeu des relations sociales, jeu que sait cruellement dévoiler l'art de la facétie. Il n'est pas jusqu'à la « brutalité » de Till qui ne finisse par prendre place dans ce continuum de narrations plaisantes où les animaux occupent donc tous les rôles, de l'acteur ésopique au partenaire de la vie sociale, de la mention explicite dans les répliques comiques à la référence implicite dans la représentation de comportements scandaleusement immoraux.

La troisième forme de contiguïté ou d'hybridation peut nous paraître la plus incongrue : elle concerne le savoir rustique et ses liens avec la facétie, la fable et l'anecdote animalière. En feuilletant les livres publiés en France, dans le contexte des Guerres civiles, pour valoriser la vie à la campagne et les travaux des champs, aussi bien sous la forme du traité d'agronomie qu'à travers la poésie des plaisirs rustiques, on fait là encore des rencontres qui sont pour nous surprenantes. Feuilletons par exemple *La Colombiere, et Maison rustique*, ouvrage publié en 1583 à Paris par Philibert Guide, un magistrat protestant de Châlon-sur-Saône. Le poème principal recense, mois par mois, les travaux que doit faire le laboureur. On trouve aussi, toujours en vers, un petit traité d'apiculture, *L'abeille françoise*, qui s'enchaîne sans difficulté avec un recueil de *Fables morales*, dont les deux premières ne sont pas animalières mais dont les suivantes nous font rencontrer l'aigle et le roitelet, le lion et le renard, le loup, le chien et les moutons, le renard et les poule, etc. Les fables ésopiques entrent harmonieusement dans l'univers rustique à travers les valeurs qu'elles promeuvent[55], mais aussi par l'analogie entre les scènes animalières qu'elles proposent et celles qui rythment la vie

55 Voir Marie Madeleine Fontaine, « Plaisirs, hospitalité et profit : la maison des champs dans la littérature de la Renaissance française », dans *Maisons des champs dans l'Europe de la Renaissance*, Actes des premières Rencontres d'Architecture européenne 10-13 juin 2003, ét. réunies par Monique Châtenet, Paris, Picard, 2006, pp. 9-48 ; Loris Petris, « La philosophie morale aux champs : *ethica, œconomica* et *politica* dans *Les Plaisirs de la vie rustique* de Pibrac », *Revue d'Histoire Littéraire de la France*, 107, 2007, pp. 3-18.

de la « maison rustique ». Chez Philibert Guide, cependant, pas d'anecdote animalière : la dimension narrative de sa poésie se limite presque entièrement à sa section ésopique, car son orientation est essentiellement didactique et apologétique, trouvant son accomplissement dans une dernière section, pleine de souvenirs de Du Bartas, d'« Epithetes poetiques des Arbres, Plantes, Herbes, Animaux terrestres et aquatiques, des Pierres precieuses, et Metaux, avec leurs proprietés ». Dans un autre recueil publié la même année, *Les Plaisirs des champs* de Claude Gauchet, la succession des saisons est au contraire l'occasion d'une série de saynètes agricoles ou cynégétiques, dans lesquelles on voit les animaux agir dans le décor du domaine de Beaujour, situé près de Dammartin, et de ses environs. Gauchet complète même son livre par un ultime poème intitulé « Chasse du loup faicte le jour Saint Denis au Bois de Rouvre sous Dampmartin », justifiant ainsi cet ajout :

> Amy lecteur, pensant clore mon livre par ceste précédente chasse du sanglier, j'ay advisé n'estre inconvenient y adjouster celle qui s'ensuit, pour avoir esté faicte depuis cinq mois et pour estre assez notable, y ayant esté pris six loups à moins de deux heures, sans panderets ny bricolles (comme tu pourras voir par le suivant discours fait à la verité), ains seulement à force de chiens courans et course de levriers, qui n'estoient que six en nombres, dont y en avoit quatre d'estrique et deux fort mestifs bien mordants. Il te plaira le croire ainsy comme il est vray.[56]

Le souci du détail, du circonstanciel – Gauchet donne toujours le nom de ses chiens – transforme la vie rustique en une succession d'anecdotes plaisantes en même temps qu'il fait de la poésie de Gauchet une encyclopédie inégalée des techniques de chasse au XVIe siècle.

On découvre un usage bien différent de l'anecdote dans un dernier ouvrage publié dans le même contexte : il s'agit du Discours œconomique, non moins utile que recreatif, monstrant comme par le mesnagement de poulles, de cinq cens livres, pour une fois employées, l'on peult tirer par an quatre mil cinq cens livres de proffit honneste, publié en 1569 par un autre magistrat, Prudent Le Choyselat, plusieurs fois réédité jusqu'en 1612 et traduit en anglais en 1580[57]. Il s'agit à la fois d'un traité pratique sur l'élevage des poules, très précis sur le plan économique et vétérinaire, ce qui lui vaudra d'être réédité en 1800 et présenté alors comme une tentative pionnière en la

56 Claude Gauchet, *Plaisirs des champs, avec la venerie, volerie et pescherie, poeme en quatre parties* [1583], 1604, éd. Prosper Blanchemain, Paris, A. Franck, 1869, p. 313.

57 Prudent Le Choyselat, *Discours œconomique, non moins utile que recreatif, monstrant comme par le mesnagement de poulles, de cinq cens livres, pour une fois employées, l'on peult tirer par an quatre mil cinq cens livres de proffit honneste* [1569], Paris, Nicolas Chesneau, 1581.

matière[58]. Mais en même temps, le livre est rempli d'une érudition qui devient parfois purement digressive et plaisante, par exemple à travers l'histoire de la divination par les volailles, pour laquelle sont mis en profit les souvenirs du Tiers Livre de Rabelais, ou dans la production de multiples anecdotes antiques, qui se rattachent parfois de bien loin à la question des poules, comme la rencontre de bon augure faite par Auguste au matin de la bataille d'Actium, avec un ânier nommé Eutychus (l'heureux) et son âne nommé Nicon (le vainqueur).[59] On y trouve aussi à l'occasion des saynètes réalistes comme on en trouverait dans les narrations comiques, par exemple quand il s'agit de décrire en action les revendeuses d'œufs sur les marchés parisiens ou d'évoquer la possibilité de soudoyer les médecins afin qu'ils prescrivent un régime à base d'œufs à tous leurs patients. Finalement, c'est le mouvement même du livre, dans lequel l'espoir du gain maximal (un rapport de neuf pour un) échoue comiquement sur l'extrême fragilité de la matière (les maladies des poules et la difficulté d'y remédier), qui épouse le schéma d'une nouvelle qui deviendra une fable, celle de la laitière et de son pot au lait[60]. L'auteur conclut son docte Discours en expliquant que, si le gain financier doit demeurer hypothétique, lui-même est sûr, du moins, de pouvoir revendiquer le plaisir qu'il a pris « à lever les fascheries de ce temps nubileux, par lecture des choses preterites, pour les rapporter aux presentes, et t'en faire part ». Le destinataire de ce discours était justement défini, dans les premières pages, comme un propritétaire terrien ayant perdu tout son bien dans les Guerres civiles : le savoir agronomique, mi-sérieux mi-plaisant et toujours bénéfique, aura ici pris la forme d'une fiction compensatoire, dont les animaux sont les matériaux en même temps que les principaux acteurs. Ce type d'hybridation, qui atteint ici peut-être son degré maximal, a longtemps été minoré par la critique ou jugé comme une aberration. Il me semble au contraire presque au fondement des discours sur les animaux dans cette période, par la rencontre qu'ils opèrent entre un savoir sur les animaux et des savoirs multiples, de nature très diverse, concernant les usages – intéressés ou gratuits – que les hommes peuvent faire de ces animaux.

Que les anecdotes animalières servent de points de contact entre différents aspects du savoir zoologique ou qu'elles permettent de rapprocher des genres de discours a priori hétérogènes, les fonctions qui leur sont dévolues dans les livres de la Renaissance impliquent une confiance illimitée dans les possibilités du discours humain, envisagé dans son historicité et dans sa plas-

58 Voir J.-B. Huzard, *Notice analytique et bibliographique de l'ouvrage de Prudent le Choyselat sur les avantages que l'on peut retirer des poules*, Paris, 1830.

59 Suétone, *Vie des douze César*, « Auguste », 96 ; Plutarque, *Vie d'Antoine*, 65.

60 C'est à Bonaventure Des Périers (*Nouvelles Recreations*, Nouvelle 12, pp. 63-65) que La Fontaine a emprunté la trame de sa fable (VII, 10, « La laitière et le pot au lait »).

ticité : il s'agit bien de dire la nature avec tous les moyens dont la parole humaine est dotée, ceux de la célébration comme ceux de la description anatomique, ceux de la fable comme ceux de l'agronomie. Chez un Gesner, la dimension « philologique » de l'entreprise naturaliste est indissociable de l'observation des choses de la nature. Dans les mêmes années 1550, pour un Pierre Belon, l'ensemble trouve sa cohérence dans l'illustration de la langue française : en donnant leur « nom moderne » aux animaux et aux plantes, le naturaliste a conscience de contribuer à la « restauration des bonnes lettres » dans le royaume[61]. Par là, Belon est persuadé d'œuvrer dans le même sens que les poètes de son temps. Pour en persuader aussi ses lecteurs, il aime faire appel à eux pour les pièces liminaires de ses ouvrages[62], et, dans l'*Histoire de la nature des oyseaux*, à l'occasion d'un chapitre sur « la Rousserole, ou Halcyon vocal », il raconte, ou plutôt il fabrique sous les yeux du lecteur une anecdote animalière :

> Cest Halcyon s'est desmontré en augure fatal, en un plaisant voyage d'une trouppe des plus doctes, et excellents poëtes de ce temps. Cela ne sera trouvé hors de propos, si en racomtons l'histoire ainsi qu'elle est advenuë, en l'an mil cinq cens cinquante-un. C'est que, au temps d'esté plusieurs poëtes de nostre nation s'estans alliez ensemble [...].[63]

Le naturaliste raconte une promenade faite par des poètes de la Pléiade (Jean Dorat, Nicolas Denisot...) et par lui-même sur les terres de Jean de Brinon, un de leurs protecteurs communs, « pres de Poissy sur la riviere de Seine ». Les amis marchent, chassent, observent, cueillent, et « là trouvant infinis arguments nouveaux », composent des vers en hommage à leur hôte et protecteur. A la fin de la promenade, une rousserole, « l'oyseau du plus grand babil, qu'on puisse cognoistre », vient chanter précisément « sur leurs testes », donnant l'occasion à Nicolas Denisot d'interpréter ce chant comme un « augure fatal » annonçant la réalisation des vœux les plus chers, en se fondant sur un souvenir du *Roland furieux*. L'anecdote trouve sa place dans un dispositif qui vise à valoriser l'oiseau – son chant en particulier –, en même temps que le naturaliste qui donne son nom à l'oiseau et qui le décrit. Belon s'est d'ailleurs représenté lui-même, plus haut dans le chapitre, prenant « plaisir indicible » à aller entendre au bord de l'eau la « melodieuse harmonië des chants d'infinis petits Halcyons vocals, que nommons en Fran-

61 Pierre Belon, *Histoire de la nature des oyseaux* (1555), éd. P. Glardon, Genève, Droz, 1997, « Au Treschrestien Roy Henry second de ce nom », sig. aii-v°.

62 Voir Hélène Naïs, « Pierre Belon et la poésie française (1550-1560) », dans *Actes du colloque Renaissance - Classicisme du Maine, Le Mans, 1971*, Paris, Nizet, 1975, pp. 141-160.

63 *Ibid.*, livre IV, chap. 26, pp. 221-222.

çoys Rousseroles »[64]. Il notait alors que « les paisans » connaissaient eux-mêmes très bien ce chant et en avaient tiré des mimologismes obscènes qu'il se garde de rapporter. L'anecdote permet de situer l'oiseau dans un univers culturel plus élevé et on peut imaginer que Belon entendait ainsi offrir son discours de savant à un futur réemploi poétique : pourquoi ne pas faire de la rousserole un symbole nouveau de l'inspiration poétique ? Ou pourquoi ne pas lui consacrer l'invention d'une belle fable comme les poètes de la Pléiade aiment en inventer à partir des plantes ou des animaux ? Les poètes de la Pléiade ont sans doute, sur ce point, déçu l'espoir de Pierre Belon, mais ce passage montre bien ce qu'un homme comme lui pouvait attendre d'une anecdote : le récit d'une rencontre entre des hommes et un animal, un moment de « partage », comme le dit Dominique Lestel, « d'intérêts, d'affects et de sens ». Pour que cette rencontre ait lieu, il a fallu qu'un naturaliste soit capable, à l'oreille, d'identifier l'espèce, que des poètes écoutent le chant et le trouvent beau, et d'abord qu'un oiseau, vivant en liberté, décide de venir chanter là, près des poètes et du naturaliste. Raconter cette rencontre, pour Belon, revient à témoigner de la continuité de la culture des hommes vivant et parlant au contact des autres êtres vivants.

64 Sur l'importance de l'expérience auditive chez Belon, voir *Ibid.*, Livre I, chap. 16, p. 48 : « Car qui vouldra prendre garde aux oyseaux, et les ouïr attentivement, recevra un parfait sentiment de la douceur de leurs chansons gratieuses [...] ; il n'y en a aucun qu'on ne puisse bien recognoistre par son chant ».

Anecdotes scientifiques et nouvelles formes du savoir dans le *De Subtilitate* de Jérôme Cardan

VIOLAINE GIACOMOTTO-CHARRA (EA 4195. Telem – Bordeaux 3)

Le *De subtilitate* du médecin italien Girolamo Cardano, publié en 1550[1] et tôt traduit en français[2], est un ouvrage qui occupe une place singulière dans le paysage des publications scientifiques de la Renaissance. Cardan est alors sûr de son savoir d'astrologue et de médecin[3], or l'astrologie et la médecine sont pour lui deux sciences basées sur le pronostic et le déchiffrement des signes. Leur pratique implique la révélation, par quelques initiés, de ce qui demeure caché au commun des mortels[4]. C'est à partir de ces définitions et du rôle qu'il en déduit pour lui-même qu'il faut comprendre le *De subtilitate.* Cardan prétend y vouloir expliquer ce qu'il nomme la « subtilité » des choses, et, si la définition de la notion de subtilité est malaisée à saisir, on peut néanmoins la résumer comme ce qui fait que certains points de science ou certains phénomènes résistent à la compréhension, demeurent obscurs à la plupart des gens, et demandent donc, eux aussi, à être déchiffrés, explicités

1 Girolamo Cardano, *De Subtilitate*, Nuremberg, J. Petreius, 1550.

2 *Les livres de Hierome Cardanus, medecin milanois, intitulez de la subtilité* [...], *traduit du latin en François par Richard Le Blanc*, [1556], Paris, P. Cavellat, 1578. Le texte français est une traduction fort inélégante, mais fidèle (voire absurdement littérale) du texte latin,

3 « Non seulement Cardan s'était livré à un traitement critique de l'astrologie, mais il avait également consacré beaucoup de son temps et de son attention à d'autres arts de la prédiction. En tant que médecin et professeur de théorie de la médecine il avait acquis, nous l'avons vu, une réputation européenne pour le diagnostic et le traitement d'affections que d'autres praticiens ne parvenaient pas à soigner. Au sommet de son succès, et de son orgueil, il se vantait de pouvoir prédire l'avenir d'un patient et indiquer la nature de son mal, sans erreur possible, d'après l'aspect de celui-ci et les symptômes qu'il présentait », Anthony Grafton, *Cardano's Cosmos. The World and Works of a Renaissance Astrologer*, Cambridge / London, Havard University Press, 1999, pp. 159-160 (nous traduisons).

4 Pour tout ceci, voir l'ouvrage d'A. Grafton, cité n. 3, en particulier le chap. 9, pp. 156-177 (« Rival Disciplines Explored ») : « Comme l'astrologie, la médecine réalisait des prodiges, et montrait ceux-ci comme résultant de lois naturelles restées inconnues jusque-là » (*ibid.*, p. 160) ; « Autrement dit, Cardan voyait l'astrologie et la médecine comme deux arts de prédiction fondamentalement indépendants l'un de l'autre » (*ibid.*, p. 161).

et révélés[5]. Cardan affirme ainsi, en écho à une théorie du signe naturel qu'il exploite en tant que médecin et astrologue, être seul capable de percevoir parfois la signification de certains phénomènes, seul à voir clair dans les matières les plus obscures (« obscurissima »)[6]. Comme le résume parfaitement Anthony Grafton:

> Le fait que Cardan ait obtenu de brillants résultats dans les deux domaines ne signifie pas que ceux-ci relèveraient d'une démarche intellectuelle unique et cohérente, mais plutôt qu'il avait lui-même une extraordinaire capacité – dont ses rêves de jeunesse avaient été la première manifestation – à mener à bien des recherches valides et originales dans plusieurs disciplines différentes, et à en présenter les résultats dans des livres importants. [...] Dans les années 1540 et 1550 il en vint à considérer qu'il était, à l'image de son père, capable non seulement de comprendre les processus naturels qui gouvernent le monde, mais d'utiliser en outre les pouvoirs extraordinaires de la magie naturelle pour en modifier les effets. Il consacra deux grands livres, deux livres bizarres, *De Subtilitate* et *De Varietate*, à ce sujet.[7]

L'argument du *De subtilitate* peut donc paraître étrange, et, comme Grafton, les quelques commentateurs modernes qui s'intéressent à Cardan considèrent pour l'essentiel ce texte comme « bizarre », mais fascinant[8].

Le *De subtilitate* est en effet d'un grand intérêt, car c'est un ouvrage qui examine non seulement l'ensemble du système du monde, depuis la matière et le ciel jusqu'à l'homme et son corps, mais aussi les anges et les démons, les arts et les sciences, ainsi que différentes inventions et machines. C'est, si l'on peut tenter de qualifier en peu de mots cette étonnante entreprise, une sorte d'encyclopédie raisonnée, sélective et totalement hétéroclite, où l'on

---

5 « Le propos de notre affaire en cet œuvre est de traicter de subtilité. Or est subtilité quelque définition et raison par laquelle difficilement les choses sensibles sont comprises par les sens, et les choses intelligibles par l'intellect ou l'entendement », J. Cardan, *De la subtilité, op. cit.*, n. 2, f. 1v°. Voir aussi : « Cette doute est de facile solution, n'appartient à ce present livre, auquel j'ay proposé de poursuivre seulement choses tres-difficiles et de grande conséquence », f. 38r° (numéroté par erreur 28).

6 « Si donc toutes choses qui consistent en subtilité, donnent de soy mesme grand labeur, et son tres-difficiles, que dirons-nous (je vous prie) du traicté auquel il convient expliquer toute la raison de subtilité ? Mesme, ce seulement peut sembler appert et facile, qui est tres-obscur en chaque discipline; et plus grand labeur nous reste au traicté d'icelle chose, qu'en la chose mesme », J. Cardan, *ibid.*, f. 1r°; « Si obscurité engendre difficulté, ce livre seulement elit, et par election separe les matieres tres-obscures », *ibid.*, ff. 1r°-v°.

7 A. Grafton, *Cardano's Cosmos, op. cit.*, n. 3, p. 161.

8 Voir encore une fois A. Grafton, qui parvient à bien qualifier l'ouvrage : « C'est pourquoi *De la Subtilité* ressemble par endroits à une sorte d'équivalent verbal du Muséum d'Aldrovandi, avec ses minéraux étranges, ses fleurs séchées, et ses images brillamment détaillées et colorées d'oiseaux et de serpents rares », *ibid.*, pp. 163-164.

apprend aussi bien ce que sont la forme et la matière ou l'âme, qu'à soigner les calculs rénaux, à conserver les concombres, à obtenir des melons hors saisons, à parler aux démons, à fabriquer des serrures, à manier une bouche d'artillerie et à clarifier le miel. Le *De subtilitate*, ainsi, se veut d'abord explicatif. Il fait en effet pendant à un autre ouvrage de Cardan, le *De varietate*, publié un peu plus tard mais probablement élaboré en parallèle[9], qui recense un nombre très important de phénomènes et de choses plus ou moins « merveilleuses ». Cet autre ouvrage, qui forme un recueil s'apparentant à la collection d'un cabinet de curiosités, est présenté par Cardan lui-même comme le volet pratique du *De subtilitate*: « J'ay plus amplement escrit de ces matieres en mes livres de la Varieté des choses, qui contiennent grande exercitation de toutes ces matieres, qui icy sont expliquées par raison »[10]. Et la manchette de préciser : « Les livres de la varieté des choses font pratique de cecy »[11]. Tout l'intérêt du *De subtilitate* est donc qu'il s'appuie sur une pratique attentive d'observation du réel, afin d'expliquer les causes des choses qui, dans le *De varietate*, sont souvent simplement recensées.

Or, ce faisant, il réexamine, discute et parfois conteste les explications traditionnelles des phénomènes naturels ou artificiels. Il présente de ce fait des savoirs nouveaux, ou tout du moins corrigés, modifiés, amendés[12], ainsi qu'une nouvelle méthode d'appréhension de ces savoirs, essentiellement inspirée de la pratique thérapeutique du médecin qu'est Cardan – médecin qui se veut à la fois observateur du réel et interprète des symptômes – et, enfin, une nouvelle manière d'écrire. Celle-ci abandonne la tradition du commentaire ou du traité et renouvelle l'art de la somme par une pratique d'écriture relativement libre, qui procède par association d'idées et opère des liaisons constantes entre principes et grands problèmes de la philosophie d'une part, science pratique et applications, de l'autre. C'est ainsi, par exemple, que l'examen du feu et de son statut élémentaire (que Cardan conteste), question qui relève de la philosophie naturelle, s'accompagne d'interrogations sur le pouvoir de la foudre, de descriptions de cheminées assorties de conseils pour éviter que celles-ci ne fument, de réflexions sur la poudre,

9 Le *De rerum varietate* paraît à Bâle, 1557. Les références au *De varietate* dans le *De subtilitate* s'expliquent par le fait que Cardan a durant des années modifié et enrichi ce dernier.

10 J. Cardan, *De la subtilité, op. cit.*, n. 2, f. 31v°.

11 *Ibid.*

12 Cardan, par exemple, transforme profondément le système élémentaire aristotélicien en le réduisant à trois éléments et en reconsidérant le système des qualités élémentaires et leur distribution. Sur cet aspect de sa physique, voir notre article : « Figures d'autorité, tradition médiévale et pratique auctoriale dans le *De Subtilitate* de Jérôme Cardan », in *R.H.R.* n°71, juin 2011.

qui appellent elles-mêmes un examen des canons, etc. C'est donc dans ce triple cadre de l'édification de savoirs renouvelés par une méthode revendiquée comme propre et exprimée par une écriture singulière que nous voudrions examiner le rôle des anecdotes présentes dans le texte de Cardan. Celles-ci participent en effet à la fois des processus d'écriture spécifiques mis en œuvre par le médecin et de la construction du lien entre théorie et pratique.

La première question qui se pose est celle de la définition de l'anecdote et de sa frontière générique avec les autres formes brèves. Dans le *De subtilitate*, en effet, Cardan exploite plusieurs formes narratives courtes : l'anecdote se range ainsi au côté des narrations de cas scientifiques ou d'expériences, des témoignages de voyageurs, et bien sûr, des *exempla* et des différentes histoires transmises par la tradition des compilateurs et des autorités antiques. Ces formes tirent elles-mêmes leur relative unité de leur caractère narratif et de leur articulation avec un texte qui, pour le reste, est entièrement descriptif, analytique ou démonstratif. Pour autant, il n'est pas toujours aisé de les distinguer les unes des autres, et nous nous proposons de nous fonder d'abord sur une définition stricte de l'anecdote, pour tenter de dessiner ensuite les frontières du genre. Nous retiendrons donc d'abord comme anecdotes de très brefs récits, rapportant une histoire inédite ou *a priori* peu connue.

Dans une grande majorité de cas, ces anecdotes revêtent sous la plume de Cardan la forme de l'anecdote autobiographique, qu'elle soit purement personnelle ou située dans un cadre familial, géographique ou temporel qui la rattache, d'une manière ou d'une autre, directement au « je » qui organise le texte. Ainsi dans le cas de l'évocation des causes de la puissance du feu, qui prépare celle de la force de l'éclair, peut-on lire la brève évocation de cette aventure advenue à un parent de Cardan:

> Ce n'est donc merveille si l'esclair du tonnerre a tant de grande violence, et que tel feu, comme aliene de la nature des autres, fait quelques choses merveilleuses. Car non seulement il penetre plus pour cause du mouvement leger, mais tel feu de tonnerre est trop plus chaud que tout autre feu. Pour tant il peut tuer par son toucher tous les animaux, excepté l'homme : et à peine l'homme en peut eschapper. Toutesfois Iean Maria Cardanus en est eschappé, et a vescu apres, qui est un vray miracle.[13]

Alors même que, dans les traités de météorologie renaissants, les anecdotes illustrant le pouvoir de l'éclair et de la foudre, venues de Sénèque, de Pline ou de Lucrèce, abondent, Cardan leur préfère d'abord une histoire personnelle. L'anecdote, ici minimale, tire précisément sa force de ce lien familial entre l'auteur et celui qui en est le héros. Marquée par une énonciation for-

13 J. Cardan, *De la subtilité*, *op. cit.*, n. 2, f. 34v°.

tement assertive, elle conclut la démonstration de manière abrupte en traçant la limite entre la norme et l'exception, et clôt toute discussion possible, puisqu'elle déplace le propos sur le terrain de la merveille. Il en va de même dans d'autres exemples, que l'on retrouve en particulier dans le très long chapitre que Cardan consacre à la théorie des éléments[14]. Sur la question du feu, toujours, et pour faire la démonstration de la puissance respective des différents types de flammes, Cardan évoque ainsi les incendies et les difficultés qu'il y a à les éteindre. Comme souvent dans le *De subtilitate,* la réflexion philosophique sur les causes d'un phénomène autorise l'insertion, dans le raisonnement, de conseils pratiques à valeur d'illustration, auxquels l'anecdote vient conférer une valeur probatoire :

> En ces grands feux seulement sont trois aides, sçavoir est, que la matiere bruslable soit ostée, ou qu'on esleve une muraille faicte de pierres, et que les pierres soient jettées sur le feu, par lequel moyen aucuns de nos amis ont engardé la maison de leur voisin estre bruslée.[15]

Le même mécanisme s'observe dans la suite du passage :

> Ou de ce que nous avons accoustumé d'user quand les bois ou les bleds sont en feu, que la part soit bruslée et destruite et demolie où le feu prend son cours [...]. Par telle aide les bois de nostre village Nouarien ont esté gardez, et par aide presque semblable le seigneur du lieu s'est delivré soy mesme du peril.[16]

L'anecdote autobiographique, ainsi, quoique invérifiable puisque fondée sur la seule parole de l'auteur, acquiert une valeur testimoniale forte. Elle fait fonction de preuve, et sa brièveté même peut être interprétée comme un moyen rhétorique pour concentrer la force de vérité que l'auteur lui délègue.

Entrent ainsi dans le champ de ces anecdotes à valeur probatoire toute une série de micro-récits, qui ont pour trait commun d'être attestés par l'auteur lui-même. Significativement, il semble que plus l'anecdote a d'importance dans la démonstration, plus Cardan prend soin de l'étayer par des mentions précises. Ainsi sur la question du feu volcanique, il oppose clairement un exemple et une autorité on ne peut plus conventionnels à la force du témoignage personnel: l'exemple du « bruslement d'Ætna, mont de Sicile », pourtant « tres-fameux et cogneu », le fait que « mesme Pline asseure » ce qui est rapporté du mécanisme des volcans, n'ont pas suffisam-

14 Il s'agit du second chapitre du *De subtilitate*, « Des elemens, mouvemens et actions d'iceux », qui dans l'édition utilisée court du f. 25r° au f. 90v°.

15 *Ibid.*, f. 32r°.

16 *Ibid.*

ment valeur de preuve, puisque « de nostre temps ce est remis et appaisé »[17], c'est-à-dire que le phénomène n'est plus observable. En revanche, le témoignage anecdotique permet, lui, de mener l'analyse à sa conclusion certaine :

> A Puteoles, un peu devant que j'escrivisse cecy (Puteoles, est loing de Naples, comme j'enten, de vint mil pas) est advenu un grand dommage par le feu. Doncques tels feux sont faits là où est engendré le bitumen et le soulfre, aucunes fois auprès de la mer, pource que le bitumen et le soulfre prennent leur aliment des ordures de la mer, et de la chaleur.[18]

L'insertion fréquente de ces anecdotes, ainsi, légitime par contrecoup toute parole personnelle de l'auteur. Toute affirmation de type « j'ai vu », « je sais », est une anecdote en puissance. Le fait que Cardan en développe certaines, qu'il montre qu'il peut les étayer par des détails précis (il faudrait ici une enquête qui reste à faire pour savoir si ces anecdotes sont bien réelles, ou purement fictionnelles, ce qui ne ferait que renforcer leur rôle stratégique dans le traité), permet de laisser supposer que toute affirmation, tout usage du « je », s'appuie ainsi sur une expérience personnelle que les procédés d'écriture contribuent à charger d'une forte valeur épistémique et axiologique. L'exemple suivant, qui vient nuancer un lieu commun des représentations météorologiques, est prototypique:

> Mais pourquoy le tonnerre ne touche-il point les colomnes et le fond des navires ? Rarement il les touche, mais aucunes fois : car j'ay veu à Florence en la grande Eglise, ou plutost alentour de l'Eglise, une colomne frappée, et gastée du tonnerre.[19]

Ainsi, dans le long développement qu'il consacre aux canons, qu'il décrit extrêmement minutieusement, Cardan peut-il se contenter de glisser, comme incidemment, au milieu de l'exposé : « J'ay veu à Pavie ces inventions du Prince de Saxone »[20]. Cette seule mention garantit d'autant mieux l'authenticité du propos qu'une anecdote l'a précédée :

> Le quatriesme [signe de la fracture des machines] est quand elle est roüillée ou moüillée, par lequel erreur lors qu'en Pavie la pompe solennelle du corps de Jesus Christ estoit celebrée de l'an mil cinq cent quarante six, cinq ou six hommes de ceux qui suivoient la pompe, furent tuez des artilleries rompües.[21]

17 *Ibid.*
18 *Ibid.*, ff. 32r°-32v°.
19 *Ibid.*, f. 35v°.
20 *Ibid.*, f. 36v°.
21 *Ibid.*

Ce procédé permet par ailleurs à l'auteur de conférer une partie de cette valeur de vérité au second genre d'anecdote que l'on rencontre dans le *De Subtilitate,* c'est-à-dire le récit d'une histoire rapportée, elle-aussi *a priori* inédite ou suffisamment récente pour être peu connue. Dans ce second cas, les moyens narratifs employés permettent d'indiquer que l'anecdote n'est pas assumée par le scripteur, mais simplement utilisée par lui. On peut cependant noter une forme de hiérarchisation dans ce deuxième groupe. Celles-ci peuvent en effet être manifestement considérées comme plausibles, Cardan souhaitant les verser au dossier des éléments probatoires. Comme dans l'anecdote autobiographique, le lien avec l'auteur est alors assez fortement marqué : ce n'est ainsi pas tout à fait un « on dit » mais plutôt un « j'ai ouï dire ». A la suite de la discussion mentionnée *supra* sur les effets du tonnerre, Cardan évoque par exemple les moyens de s'en protéger. Or c'est ici l'anecdote rapportée qui fait foi, anecdote que sa proximité textuelle avec celle, autobiographique, racontée quelques lignes plus haut dans le texte, conforte:

> C'est donc un certain remede contre le tonnerre, de se cacher aux cavernes profondes : et ce est plus seur, que de se couronner d'un laurier, ou de se couvrir de la peau d'un veau marin, ou d'un aigle, ou de porter une pierre hyacinte, car ils disent que ces choses prédites ne sont touchées du tonnerre. Mais depuis quelque peu de temps j'ay entendu qu'un laurier a esté blessé à Rome du tonnerre : quant au hyacint, j'en disputeray cy-apres.[22]

Comme dans les anecdotes autobiographiques, des précisions de circonstances ont pour rôle d'en accréditer la valeur, toujours par contamination avec le mode d'exposition des premières:

> J'ay ouy dire qu'une eau a esté trouvée aupres de Rome, en la maison rurale du cardinal Trivultius, qui estoit de saveur austere, et qu'elle estoit tres-salubre, et que pour cette cause coustumierement on la transporte loing, pour en mettre dedans le vin à concilier et acquerir la grace et amitié.[23]

De ce fait, le témoignage du voyageur ou du savant, l'attestation d'un cas scientifique, peuvent se trouver rapportés de telle façon qu'ils se trouvent aux frontières de l'anecdote et se présentent comme un témoignage transmis par la mémoire de l'auteur plutôt que par le livre, comme s'il en avait été luimême le dépositaire:

> Pour ceste cause, il est manifeste pourquoy l'eau jettée sur le bitumen ardant excite plus grandes flammes, ce que George Agricola, homme de nostre temps, digne de mémoire,

---

22 *Ibid.*, f. 35v°.
23 *Ibid.*, f. 88r°.

> recite : sçavoir est, qu'il y a eu en l'Isle Islande une montagne ditte Hecla, de laquelle le feu sortant est esteint de choses seches, et est nourry d'eau.[24]

Toujours par contamination des formes brèves entre elles, le récit d'expérience, qui commence à apparaître dans l'œuvre de Cardan, s'apparente alors parfois fortement à l'anecdote personnelle, celle-ci étant sous-jacente à l'expérience, dont elle constitue la forme minimale, le degré zéro :

> Et qu'un peu de poudre dedans le fond de la main n'occupe moins d'espace que la centiesme partie, l'experience nous le montre, veu que si autant de cette poudre, qu'est gros un grain de millet, est allumée, il emplit de feu, et occupe la grosseur d'une noix.[25]

Le mode descriptif choisi laisse entendre que Cardan a pu, effectivement, tenir un jour dans sa main une petite quantité de poudre et en mesurer les effets.

Le recours à l'anecdote est ainsi, dans la logique de Cardan, un puissant vecteur de vérité, à condition que cette anecdote soit directement reliée, par un moyen ou par un autre, à l'auteur. Elle n'a de réelle valeur que si elle est de première main ou présentée comme telle. Quelques cas d'anecdotes non-personnelles, ainsi, ne bénéficient pas des moyens rhétoriques permettant de les rattacher à celui qui les rapporte. Le flou volontaire du repérage spatio-temporel, la modalisation impliquant une mise à distance, signifient alors que l'anecdote n'est plus probatoire, mais permet de soulever une question qui reste en débat ou de marquer les frontières du possible:

> Quelqu'un n'agueres quand il s'efforça augmenter la mémoire, il espandit l'eau de melisse en du vin blanc l'espace de trois jours, apres le vin legerement exprimé, il cueillit l'eau en la distillant, par le breuvage de laquelle il sembloit avoir recuperé la mémoire. Mais pource qu'il avoit le foye chaud, il gasta presque totalement sa santé.[26]

A l'inverse, un point scientifique que l'on pourrait considérer comme éminemment douteux est tiré du côté du vrai grâce aux procédés d'écriture utilisés par Cardan. Ainsi dans le cas de ce qu'il nomme lui-même « experience merveilleuse du plomb fondu » : l'expérience merveilleuse se révèle être plus ordinaire que l'on croit, puisque Cardan peut en donner l'explication, mais on sait d'entrée de jeu, par sa présentation anecdotique, que Cardan la considère comme véritable et va en dévoiler le secret :

---

24 *Ibid.*, f. 31r°.
25 *Ibid.*, f. 37r°.
26 *Ibid.*, f. 43v°.

> Lorsque j'ecrivois ceci, quelque homme publiquement à Milan lavoit ses mains et sa face de plomb fondu : mais premierement il les lavoit de quelque eau. Il faut considerer en ceci qu'il usoit de deux aides en la maniant, savoir est, de celerité et d'eau. Il falloit que l'eau fut grandement froide, et qu'elle eut une vertu obscure et crasse, par laquelle elle rejetoit la chaleur du plomb, et empeschoit qu'elle ne tient et adherast au corps.[27]

Si les anecdotes présentes dans le *De subtilitate* sont donc, à première lecture, aux limites mêmes du genre tant elles sont minimales, elles n'en possèdent pas moins une indéniable cohérence à la fois générique et scientifique. Presque toujours extrêmement brèves[28], elles se caractérisent à la fois par leur caractère personnel et inédit. On remarquera ainsi que les anecdotes canoniques, établies par une longue tradition textuelle et de ce fait transformées en *exempla*, sont exploitées différemment – elles sont en général passées rapidement en revue – et voient ainsi leur importance minorée par rapport aux anecdotes autobiographiques. Ainsi, à propos des esprits, Cardan commence-t-il par énumérer rapidement les principales « histoires » rapportées par les autorités antiques :

> Il est certain qu'ils sont aucuns esprits vagans en ce monde. Les choses sont merveilleuses pour confirmer ceste opinion, lesquelles sont recitées par Plutarchus de Damon au commencement de la vie de Cimon, semblablement de Pausanias, et de Cleonice, [...]: mesmement qui sont récitées par Pline au septiéme livre des Epistre du fantosme et vision, [...][29]

Il introduit ensuite l'élément capital :

> Icy j'adjousteray une histoire plus admirable que toutes, laquelle j'aye ouye par plusieurs fois de mon père Facius Cardanus, qui confessoit avoir eu un esprit familier presque trente ans. Finablement je luy demanday ses escritures, ausquelles je trouvay tel escrit. Le treizieme jour d'Aoust 1491. quand j'eu dit mes oraisons à vingt heures du jour, sept hommes se sont apparus à moy [...][30]

Le caractère inédit (parce que c'est un fait autobiographique révélé) ou inouï (parce que c'est un fait justement anecdotique dont nulle littérature n'a encore fait état) est donc peut-être la caractéristique marquante qui unifie les anecdotes variées rapportées par Cardan. Cette caractéristique dominante, grâce aux procédés narratifs utilisés, peut, nous l'avons dit, contaminer d'autres récits brefs, comme les témoignages des voyageurs ou les récits

27 *Ibid.*, f. 159v°.

28 Il faut noter qu'elles sont beaucoup plus circonstanciées dans les chapitres délicats consacrés aux « Inventions merveilleuses » et surtout aux « Esprits », mais on touche alors à une autre frontière, celle entre anecdote et récit autobiographique.

29 *De subtilitate*, f. 462r°.

30 *Ibid.*, ff. 462r°-v°.

d'expérience. Dans tous les cas, il s'agit manifestement pour Cardan d'insérer dans le texte un micro-récit fondé sur l'expérience concrète, de préférence une expérience récente et personnelle, deux critères qui font clairement le départ entre anecdote et *exemplum*. C'est la mise en scène de l'appréhension d'un réel éprouvé par l'auteur lui-même, qui fonde manifestement aux yeux de Cardan tout l'intérêt de ce procédé à la fois narratif et rhétorique.

Il convient donc maintenant de s'interroger sur le rôle exact de ces anecdotes. Au premier abord, tout semble en effet laisser penser que celle-ci, par essence destinée à rapporter un fait secondaire, joue également dans le texte un rôle marginal. Ce rôle marginal paraît en outre attesté par le fait que l'anecdote, déjà extrêmement brève, est rarement explicitement exploitée. Elle se distingue ainsi clairement d'un autre procédé narratif qui, lui, apparaît comme beaucoup plus essentiel : le récit de cas médical. Celui-ci, long et circonstancié, apparaît en effet comme une pièce centrale de certaines démonstrations, et Cardan, qui s'appuie là sur son expérience professionnelle de médecin, en souligne clairement la valeur par des procédés métatextuels : il annonce le récit (« Or laissons telles matieres, et recitons ce que nous avons veu l'an passé dernierement ») et en fait remarquer l'exceptionnelle longueur (« Pourquoy tarde-je tant en cette histoire ? »)[31]. Le récit de cas, lié à une pratique professionnelle maîtrisée et codifiée, se présente donc tout à fait différemment de l'anecdote. Celle-ci, mentionnée comme au passage, parfois ajoutée lors d'une correction du texte au beau milieu d'un raisonnement dont elle brise le cours, ne semble pas avoir de suite, ni de conséquence, dans le sens où Cardan en tire rarement une leçon ou une démonstration manifestes. Elle a ainsi souvent l'air d'une digression et son rapport avec le sujet traité est parfois malaisé à établir. Ainsi de cette anecdote sur un homme mort d'une « pierre au ventricule », alors même que Cardan est en train de traiter des poisons. Or si l'on peut comprendre l'exemple donné juste avant par l'auteur, afin d'illustrer l'action des venins qui ne touchent qu'une partie du corps (il s'agit d'une eau qui ferait tomber les dents), le lien entre cette forme particulière de maladie « pierreuse » et le sujet des venins qui tuent avec retard n'est pas clairement établi (la pierre est-elle le résultat d'un empoisonnement ? rien ne nous le dit). Son seul intérêt est donc, au premier abord, d'être encore une fois, une anecdote personnelle : « Et à Cesar Taberna, homme de nostre païs, apres grandes douleurs de ventre, on luy trouva une pierre au ventricule, grosse comme un œuf, la dissection de son corps faicte apres sa mort »[32].

31 *Ibid.*, ff. 464r°-v°.
32 *De subtilitate*, ff. 66r°-v°.

Or ce point, qui fonde précisément la valeur « anecdotique » de ces courts exemples, est aussi celui qui fait tout l'intérêt des anecdotes cardanesques. Il est en effet manifeste que c'est par cette profusion d'histoires puisées dans sa propre vie que Cardan entend mettre en pratique le principe qu'il s'est fixé au début du premier livre, en guise de prologue : « Mais jadis on adjoustoit foy aux oracles sans demonstration *[absque demonstratione]*: quant à moy, on ne me croira, si je ne fay demonstration et probation de mon dire »[33]. Il est ainsi manifeste que l'anecdote, dont l'ancrage dans l'expérience de l'auteur est constamment souligné, est l'un des moyens employés par Cardan pour inventer une écriture nouvelle, que l'on peut qualifier d'écriture de l'expérience (en donnant à ce mot le sens qu'il pouvait avoir à l'époque). La revendication d'une parole vraie est en effet constante chez Cardan, qui ne cesse d'opposer sa propre pratique à ce qu'il considère comme les « fables » de la tradition ou la vanité des propos de certains de ses contemporains (en particulier, ce qui n'est guère surprenant, des philosophes scolastiques). Il ne cesse de condamner « les commens et fictions chimériques, et monstrueuses des Aristotéliques »[34], qu'il accuse de « jergonner » indéfiniment dans le vide, et affirme: « pourtant il vaut mieus soustenir la verité, et l'experience, en muant quelque peu de chose, que perpetuellement en blasonnant avecques les Aristoteliques, ne savoir rien de la nature des choses »[35].

La valeur scientifique de l'anecdote tient ainsi toute entière dans le fait qu'elle s'oppose, pour Cardan, aux propos purement engendrés par le discours lui-même (tels les commentaires philosophiques) que le médecin dénonce régulièrement. Cette idée est d'ailleurs parfois clairement exprimée dans le *De subtilitate*, et l'anecdote peut ainsi être explicitement caractérisée par sa valeur expérimentale, contre le recours aux autorités ou aux *exempla* fournis par la tradition textuelle. L'exemple de Pline et de l'Etna, que nous avons cité, en est une bonne illustration, mais le meilleur témoignage en est peut-être fourni par l'exemple de la vis d'Archimède. La simple lecture du passage permet de comprendre la manière dont Cardan travaille à discréditer le témoignage du livre pour imposer celui de l'expérience directe et vécue:

> Et en ce genre est la premiere invention d'Archimedes, qui est une vis, de laquelle Diodore le Sicilien fait deux fois mention en l'Histoire antique, disant qu'Egypte a esté affectée par la vis d'Archimedes: laquelle chose, si ainsi est, veu qu'Archimedes a flori du temps de la seconde guerre Punique, ou de Carthage, je ne sçay comment au temps passé Egypte a peu estre habitée. Toutesfois quoy qu'il en soit, cet instrument est tres-

33 *Ibid.*, f. 1v°.
34 *Ibid.*, f. 28v°.
35 *Ibid.*

> excellent sans doute et digne de tel autheur. Vitruvius en fait mention en la fin de son œuvre. Mais Galeas de Rubeis citoyen de Milan, et serrurier, duquel nous parlerons cy apres, quand jadis il estimoit avoir le premier inventé cette vis, il devient fol de joye. Nous l'avons veu tourner une machine que l'on pousse, et apres estre mis hors du sens.[36]

Ainsi, la vérité des choses ne peut-elle être attestée que par l'observation directe, celle-ci dût-elle ne faire que confirmer des réalités déjà établies par les Anciens. Contre le recours à la parole d'autorité, contre l'*exemplum* que seul le livre véhicule, l'anecdote apparaît comme la forme textuelle propre à combattre les défauts de la mise en texte, à empêcher la rupture avec le réel. Parce qu'elle permet de rapporter les petites aventures du quotidien, elle est en réalité d'autant moins secondaire qu'elle atteste le lien du scripteur avec l'expérience immédiate. Elle sert ainsi soit à confirmer les inventions ou les connaissances du passé (Cardan a vu la vis de Galeas de Rubeis, mais il l'a vu aussi devenir « fol de joye », l'anecdotique « folie » du serrurier attestant l'importance de sa découverte supposée), soit au contraire à montrer en quoi le présent a permis de progresser dans la connaissance des choses, soit, enfin, à introduire, dans la connaissance, des données nouvelles ainsi validées par l'expérience. Dans le second cas, le caractère anecdotique du récit témoigne alors, par le fait même de son caractère apparemment digressif et négligé, de la suprématie du présent. Ce qui était extraordinaire pour les Anciens relève désormais d'une connaissance absolument banale, dont une minuscule anecdote permet de faire la démonstration:

> Au temps passé la violence du tonnerre a esté admirable, mais elle cesse de l'estre maintenant par effet et abondance des machines de guerre et artillerie, car elles ne sont trop différentes de la violence du tonnerre. Je ne sçay d'où vient cette violence, et de combien loing, et quelle charge elle porte. Je sçay certainement cecy que les tours entieres d'un seul coup sont jettées par terre. A Cardanum d'une seule tour qui reste, antique toutefois, cette violence des machines de guerre a abattu d'un coup plus de douze mil de tuiles.[37]

Dans le troisième cas, en revanche, l'anecdote se fait plus circonstanciée, afin que ne subsiste aucun doute dans l'esprit du lecteur. C'est le cas de l'anecdote du médecin tourangeau :

> Un autre aimant ne semble estre different de cettuy duquel j'ay veu l'experience telle. Laurentius Guascus Cherascius medecin empirique de Tours, avoit apporté ces jours derniers cette pierre, et promettoit pouvoir penetrer toute la chair sans douleur, s'il touchoit une aiguille : laquelle nous sembloit ridicule, comme il est de raison, il certifia cette chose par exeperience à mes compagnons. Finablement, afin que j'experimentasse

36 *Ibid.*, ff. 15v°-16r°.
37 *Ibid.*, f. 35v°.

> cette chose incredible, j'ay mis en la peau de mon bras une aguille premierement frotée à l'aimant, et premierement j'ay apperçeu une tres petite imagination de ponction : apres quand l'aguille penetroit le muscle, quasi droitement, lors je sentois l'aguille penetrer jusqu'au profond en la part où elle penetroit mais je ne sentois aucune douleur: adonc j'ay revelé à mes compagnons ce que j'avois experimenté sur moy.[38]

A l'échelle de l'ouvrage, l'insertion anecdotique a donc une fonction épistémique et méthodologique, mais elle a aussi un rôle sémiotique : elle fait signe au lecteur en rappelant ce qui fonde la méthode scientifique de l'auteur et comment lui-même est parvenu à ses conclusions. C'est ce qui explique qu'on la trouve parfois en des moments apparemment incongrus de telle ou telle démonstration scientifique. Elle n'est pas là pour sa valeur illustrative, ni pour constituer une forme de digression plaisante, mais pour rappeler constamment la nature de la démarche qu'entend défendre et pratiquer Cardan (on pourrait noter également qu'elle confère à l'auteur, dont l'*ego* surdimensionné est bien connu, un rôle central à tous les instants du texte, dont il devient aussi acteur).

Dans ce procédé de création d'un lien entre le texte scientifique et le réel observable, l'anecdote a par ailleurs un rôle organisateur. S'il peut l'éviter, par exemple, Cardan ne décrit pas simplement une machine : il raconte l'avoir vue puis explique ensuite son fonctionnement, narrativisant en quelque sorte, grâce à ce que l'on pourrait appeler son « inscription anecdotique », la description scientifique. Ainsi l'anecdote de l'invention de Galeas de Rubeis et de sa « folie » permet-elle à Cardan d'introduire dans le texte la description de la machine en question. C'est la vis de Galeas dont il entend expliquer le mécanisme, non celle d'Archimède. La valeur scientifique et technique de sa minutieuse description (par ailleurs assortie d'une illustration légendée qui permet de repérer les pièces mentionnées par le texte) est donc la conséquence directe de cette insertion anecdotique : « Nous l'avons veu tourner une machine que l'on pousse, et apres estre mis hors du sens. Or cette machine estoit telle; Une piece de bois, A, H, est solide, droite, ronde [...] ». Par l'effet de contamination déjà observé, la présence d'anecdotes en tête de certaines descriptions scientifiques confère aux autres cas un peu de leur valeur probatoire. Il en va ainsi lorsque Cardan décrit la machine de Barthélémy Brambille :

> De semblable traitté est l'esponge des navires (dite tuba) par laquelle coustumierement les navires estants aux perils de l'eau, sont evacuées : à l'exemple de laquelle est construite la machine de Barthélémy Brambille, que nous avons veuë à Milan, en rien

38 *Ibid.*, ff. 186r°-v°.

> inferieure de l'artifice aux antiques. B D, sont l'esponge, vuide dedans, faicte de bois, [...][39]

Indépendamment de la mention de toute anecdote, il semble donc que Cardan éprouve le besoin de narrativiser les descriptions scientifiques, de les inscrire dans une histoire qui les rend légitime. Dans sa démonstration sur l'inexistence du vide, il mentionne d'abord très rapidement l'exemple, devenu canonique, des soufflets qui se rompent si on les ouvre trop brutalement[40], puis il nuance son propos, en expliquant que c'est bien « par necessité de vacuité » que « l'eau monte en haut, quand nous la succons par un canal [...]. Ces choses seront desmontrées cy apres »[41]. Or la démonstration consiste simplement en la description (illustrée et légendée, comme dans les autres cas), d'une machine. Cette description est elle-même narrativisée, même si l'on touche là au degré le plus faible de la mise en récit : « Par ce moyen une lampe admirable a esté faicte, close de toutes parts [suit la description]. Par ce moyen les Atheniens ont excogité une lampe devant le simulacre de Minerve, qui brusloit toute l'année »[42].

Ce rôle de la narration, même embryonnaire, est essentiel dans la mesure où le recours au récit permet d'organiser un mouvement inductif, qui se fonde sur l'anecdote singulière, donc unique, pour en dégager une interprétation universelle. Dans le passage, cité *supra*, dans lequel il compare la foudre et l'artillerie, en s'aidant de l'évocation de la destruction du bourg de Cardano[43], dont est originaire sa famille, Cardan s'est ainsi arrangé pour aller chercher une anecdote, certes minimale, mais en lien direct avec sa biographie, qui permet à la fois de conférer à l'expérience personnelle une valeur générale et de légitimer les descriptions qui suivent:

> A Cardanum d'une seule tour qui reste, antique toutefois, cette violence des machines de guerre a abattu d'un coup plus de douze mil de tuiles. Mais ils disent que ces machines à feu, aucunes de soixante livres, ont portée par l'espace de cinq mil pas, qui est chose merveilleuse à dire, si l'experience ne faisoit foy au dire : elles-mesmes rompent les murs, abattent les chasteaux de la ville, et n'est aucune force qui puisse resister à tant grand mal. Le canon de la machine a feu fait de cuivre de Cypre preparé en la manière d'une trompe [...][44]

39 *Ibid.*, f. 8v°.
40 *Ibid.*, f. 5r°.
41 *Ibid.*
42 *Ibid.*, f. 5v°.
43 Aujourd'hui Cardano al Campo, dans la province de Varèse, en Lombardie. La petite ville se situe à une quarantaine de kilomètre de Milan, non loin de l'aéroport de Malpensa.
44 *Ibid.*, f. 35v°. Voir *supra* pour l'anecdote elle-même.

Au nom de la valeur de l'expérience, le cas particulier est appelé à faire loi, comme le montre également l'anecdote historique de la prise du castel dell'Ovo :

> Consequemment la manière de faire les mines, est semblable à celle des machines, plus admirable toutesfois. François George de Sennes a esté autheur de tant cruelle invention. Il enseigna aux Espagnols la manière de renverser le Chasteau de Luques, dit maintenant Ovum, près de Naples, que les François defendoient. Le temple du chasteau, ensemble les François qui estoient dedans, de la montagne fut precipité dedans la mer. Quand donc le chasteau est situé sur une montagne, et semble qu'il soit inexpugnable pour la situation, ils fouïssent et font des mines obliquement [...][45]

La digression ou l'illustration anecdotique jouent donc en réalité un rôle de pivot dans le texte, qu'elles introduisent une description scientifique ou permettent de faire apparaître la progression logique du raisonnement. C'est en effet souvent le surgissement apparemment fortuit d'un souvenir ou d'un savoir anecdotiques qui précipite l'auteur sur un chemin nouveau. L'anecdote de l'incendie de Puteoles, outre qu'elle postule une vérité scientifique jugée supérieure au témoignage de l'autorité de Pline, permet également l'insertion d'une digression scientifique, caractéristique de l'écriture de Cardan : « ...pource que le bitumen et le soulfre prennent leur aliment des ordures de la mer, et de la chaleur. Or nous dirons cy apres comme la matiere preparée est allumée ». L'anecdote de ce qui est arrivé aux tours du bourg de Cardano met fin à l'évocation des pouvoirs du feu naturel, de la foudre et du tonnerre, pour faire surgir dans le texte une très longue et très précise description des canons. La structure digressive du texte (que périodiquement, néanmoins, l'auteur ramène à son fil directeur), est ainsi dans certains cas organisée par succession de micro-anecdotes, ce qui en fait l'un des moyens qui autorise l'apparent désordre du texte et lui confère son originalité. Le principe d'un raisonnement par association d'idées, dont l'anecdote devient alors l'un des ressorts, est l'un des moyens rhétoriques par lequel Cardan entend attester de ce que l'on pourrait nommer l'authenticité de sa pensée (par opposition, on le devine, aux cadres trop bien organisés – toujours selon lui – du commentaire philosophique) :

> La continuité de nostre raison nous a mis loing de nostre propos, pour ce que nous estions contraints de monstrer, par ce que l'air est tousjours mouvé aux lieux, ou il est libre, et certes aux regions posées en haut lieu, et que n'estant mouvé, il s'empuantit : de ce tombez en la declaration de la peste, nous avons esté revoquez que nous ne soyons venus en la narration des venins, combien qu'elle ne soit inutile, nous sommes

45 *Ibid.*, f. 38r°.

toutesfois, comme j'ay dit, sortis fort loin de nostre propos. Il faut donc revoquer mon stile d'escrire le mouvement et repos de l'air.[46]

L'anecdote peut donc avoir un rôle à la fois scientifique et textuel : quoique marginale, elle enclenche une nouvelle phase du texte et permet le passage de l'exposé théorique à la description pratique, ainsi que le mouvement inductif par lequel, d'un épisode singulier et marginal, l'auteur s'ingénie à dégager des lois. Quoique apparemment digressive, elle sert en réalité la mise en scène du mouvement d'une pensée qui entend donner l'impression qu'elle progresse selon sa propre logique, en toute liberté.

On peut enfin dégager un dernier rôle attaché à certaines des anecdotes rapportées par Cardan, qui est leur fonction de vecteur de cas « merveilleux ». Dans sa remise en cause des données scientifiques acquises, Cardan s'attache à la fois à combattre un certain nombre de lieux communs ou de remèdes de bonne femme, à chercher les exceptions qui, tout en confirmant la règle, attestent de l'immense pouvoir de nature, et à redéfinir les limites de ce qui tombe sous le coup de la philosophie naturelle. Relèvent ainsi du premier cas la mention du laurier frappé par la foudre, du second, l'aventure de Gian Maria Cardano, et du troisième, l'histoire de l'homme qui se lavait le visage avec du plomb fondu, celle illustrant le pouvoir de l'aimant ; ainsi que toute une série d'anecdotes présentes dans les chapitres consacrés aux « Inventions merveilleuses » et aux « Esprits »[47]. Dans tous les cas, la mention d'une histoire présentée comme extraordinaire, ou, le plus souvent explicitement dite « merveilleuse », permet soit de mettre en cause les limites de la vérité, les possibilités de la matière ou la frontière entre naturel et supra-naturel, soit, à l'inverse, et conformément au projet cardanesque consistant à lever le voile sur la « subtilité » des choses, de ramener à la norme des phénomènes jusque-là inexpliqués ou considérés comme surnaturels. On observe ainsi que Cardan a tout particulièrement recours à l'anecdote quand il s'agit d'aborder la question de l'existence des esprits et de leurs liens avec les vivants. Dans le chapitre consacré à cette question, comme dans d'autres passages du texte où Cardan examine ce sujet, les anecdotes se multiplient et s'allongent. C'est le cas par exemple de l'« Histoire d'Augustin Lavizarius, Comensis, deceu par Echo », assez importante pour être signalée par une manchette. Cette anecdote est en effet cruciale, car c'est grâce à une histoire, qui, comme il le souligne, lui a été personnellement raconté, que Cardan dit avoir compris comment le personnage, croyant être trompé par un esprit malin, l'avait été simplement par l'écho de sa propre voix. Raconter des anecdotes devient alors, pour Cardan, le moyen de donner au lecteur une occa-

46 *Ibid.*, ff. 71r°-v°.
47 Soit *ibid.*, livres XVIII et XIX.

sion de reproduire le cheminement qui l'avait conduit, lui, Jérôme Cardan, vers la vérité C'est donc après avoir minutieusement raconté l'histoire, de manière suffisamment développée pour qu'il puisse, en particulier, avoir recours au discours rapporté afin de mieux illustrer le « dialogue » entre Augustin et l'écho, que Cardan conclut :

> Pourtant entendu que la nuict estoit intempestive et importune, Augustin Lavizarius Comensis, ainsi estoit-il nommé, et estoit Comensis, Secretaire et Conseiller du Prince, s'en retoune. Et apres quelque temps, comme il me recitoit, lors que j'estois encor petit enfant, qu'il avoit esté presque precipité dedans un torrent et gouffre, par la persuasion faicte d'un esprit maling : j'enquis diligemment la manière de ce faict, cognoissant bien l'integrité de l'homme: en fin je cogneu que c'estoit Echo, de laquelle il avoit esté deceu avec grand peril entre plusieurs troubles de son esprit.[48]

Dans le cas de l'histoire qu'il raconte à propos de son père Facius, hanté par un esprit familier, l'anecdote lui permet de prouver l'existence des Démons, en confortant le témoignage de la tradition (comme l'indique la manchette : « Il monstre par argument pris des histoires que les esprits appelez demones sont »)[49]. Le recours à la preuve par l'observation, représenté par l'anecdote, est d'autant plus précieux que le phénomène décrit est sujet à caution. Mais au bout du compte, ce procédé littéraire est un travestissement : il revient à masquer (plus ou moins habilement) le fait que, pour Cardan, sa propre parole fait foi et se suffit manifestement.

Les anecdotes de Cardan semblent ainsi au premier abord devoir remplir le rôle secondaire – anecdotique – qui est normalement dévolu à cette forme textuelle, en particulier dans le récit historique. Mais il s'agit ici d'anecdotes « scientifiques », et le cadre général de pensée dans lequel elles s'inscrivent, comme la manière, implicite, dont l'auteur les exploite, prouvent au contraire leur importance. Elles ont en réalité un rôle capital, et ce à des niveaux tout à fait différents du texte. L'anecdote, d'abord, a partie liée avec le fait et le récit historique : en ce sens, c'est une histoire (au sens narratif) qui se situe clairement, pour Cardan, du côté de l'histoire (au sens qu'a le mot par exemple dans *historia naturalis*) et non du côté de la parole, de ce que Cardan nomme, nous l'avons vu, les *fictions chimériques* des philosophes. Elle est ensuite le signe d'un premier niveau d'expérience, qui est simplement l'épreuve du réel, cette « probation du dire » que revendique le médecin-astrologue-philosophe naturel. De ce point de vue, les anecdotes autobiographiques (qui sont parfois à peine des anecdotes – un jour, à tel endroit, j'ai vu telle chose – mais qui procèdent bien de la même rupture discursive et du même surgissement du fait narratif, même minimal, que des anecdotes plus

48 *Ibid.*, f. 458r -v°.
49 *Ibid.*, f. 462r°.

canoniques) ont d'abord pour rôle d'ancrer de manière générale le discours dans l'expérience singulière de l'auteur. Elles tirent leur valeur d'une double opposition : entre le passé, plus ou moins récusé, et le présent de l'auteur, et entre le savoir livresque et général, remis en question, et le savoir expérimental et singulier que prétend déployer Cardan. Il s'agit donc d'une forme de combat entre l'autorité et la référence en laquelle veut se transformer Cardan. Il faut en effet noter, de ce point de vue-là, que la tradition savante est autant remise en cause pour elle-même que pour ses méthodes expérimentales et textuelles. Elles ont enfin un rôle intellectuel : organisant le mouvement de la pensée comme permettant de mieux tracer les frontières de la vérité ou du réel, elles sont utilisées par Cardan comme un véritable outil scientifique.

Cardan semble ainsi avoir dévolu au récit anecdotique un rôle scientifique, méthodologique et textuel important, dont il est difficile de savoir si les lecteurs l'avaient exactement perçu. Par une sorte d'ironie de l'histoire, en effet, nombre de ses anecdotes, comme celle de l'homme qui se lavait le visage avec du plomb fondu, sont rapidement entrées dans les recueils d'« histoires prodigieuses », « prodigieuses » mais « observées », ainsi que le précise par exemple Pierre Boaistuau[50]. Privées de tout rôle scientifique réel et devenu des exemples types de faits incroyables, elles sont précisément compilées avec les histoires antiques que Cardan récusait, ou tout du moins jugeait insuffisantes :

> Hierosme Cardan, lequel merite d'estre mis au premier reng de tous les plus celebres philosophes de nostre temps, racompte presque une semblable histoire de ces espritz malings, de laquelle l'experience se voit encore pour le jourd'huy à Milan de tous les citoyens, avec grand'merveille. Il y a (dit-il) encores pour le jourd'huy une femme vivante, nommée Margarite, femme d'un peintre…[51]
>
> Je n'ignore point semblablement qu'il n'y en ait plusieurs autres qui ont asseuré par leurs écritz qu'il y avoit des espritz familiers, qui conversoient avec les hommes : ce que Cardan atteste de son père Facius Cardanus, lequel par l'espace de vint et huict ou trente ans s'est aydé de certain esprit familier.[52]

A bien y regarder, cependant, Cardan n'a peut-être pas échoué, car bien que Boaistuau le range apparemment dans la même catégorie que les compilateurs et diseurs d'histoires en tout genre dont il fait collection, il n'omet pas

50 Pierre Boaistuau, *Histoires prodigieuses les plus memorables qui aient esté observées* […], Paris, Vincent Sertenas, 1560.

51 « Visions prodigieuses, avec plusieurs histoires memorables de spectres, fantomes [...], *ibid.*, f. 114v°.

52 *Ibid.*, f. 116r°.

de mentionner le geste fondamental du médecin qui se voulait, par l'anecdote, un défenseur de l'expérience :

> Hierosme Cardan écrit qu'un medecin empirique de Tours appelé Laurentius Grascus avoit de ceste pierre, et promettoit par le moyen d'icelle de penetrer tout la chair sans douleur, ce que le dict Cardan pensoit estre fabuleux, jusques à ce qu'il en eust faict l'experience, car il frotta une aguille de cest Aymant, puis la mist au travers de son bras, sans sentir aucune douleur, et la y laissa par plusieurs jours[53].
> Hiéronymus Cardanus livre sixieme de subtilitate, écrit une histoire prodigieuse, et quasi repugnante à nature, mais par ce qu'en la presence de tous les citoyens d'une cité l'experience en as esté veuë, cela la rend et probable, et croyable. Lors (dit-il) que j'escrivois mon œuvre des subtiles inventions, je veiz un quidam à Milan, lequel lavoit ses mains et sa face de Plomb fondu, s'est tant premierement lavé de quelque autre eau. Cardan (comme il a acoustumé avec grande curiosité) s'efforce de rechercher ce secret en nature et dict que par necessité il falloit que l'eau de laquelle il se lavoit premierement, fust extrémement froide [...][54]

Devenu lui-même autorité, Cardan est bien cité comme celui qui ramène le prodige à la norme et rend plus claire l'obscure subtilité des choses.

53 « Histoires prodigieuses des pierres precieuses », *ibid.*, ff. 50-51.

54 « Histoire prodigieuse d'un homme de nostre temps qui se lavoit la face et les mains de plomb fondu », *bid.*, f. 28.

Fortune d'une anecdote à la Renaissance : l'anecdote du bélier unicorne (Plutarque, *Vie de Périclès*) ou la science aux prises avec la religion

BERENGERE BASSET (Université de Toulouse)

Historien et philosophe du IIe siècle après J.-C., Plutarque séduit les humanistes par l'encyclopédisme de son œuvre[1]. S'ils apprécient l'ampleur du savoir brassé par Plutarque, l'importance qu'il accorde à l'éthique, ils goûtent aussi ses talents de conteur, manifestes à travers les anecdotes qui émaillent ses propos[2] : par-delà le plaisir qu'ils procurent, ces récits confèrent aux réflexions une dimension concrète qui agrée aux humanistes. Mais la malléabilité et l'ouverture qui pourraient caractériser l'anecdote plutarquienne sont aussi fécondes sur le plan de la pensée. Nous nous proposons de le mesurer à travers l'examen d'un cas particulier, l'anecdote du bélier unicorne que rapporte Plutarque dans un passage de la *Vie de Périclès*[3]. Le récit de ce prodige jouit d'une grande audience à la Renaissance, elle ne laisse pas de

1 Pour une présentation du personnage et de son œuvre, on consultera la biographie que lui a consacrée Jean-François Sirinelli : *Plutarque de Chéronée, un philosophe dans le siècle*, Paris, Fayard, 2000. Pour un aperçu de la réception de Plutarque à la Renaissance, voir René Sturel, *Jacques Amyot, traducteur des* Vies parallèles *de Plutarque*, Genève, Slatkine reprints, 1974 ; Robert Aulotte, *Amyot et Plutarque*, Genève, Droz, 1965 ; Olivier Guerrier (éd.), *Moralia et Œuvres morales à la Renaissance*, Paris, Champion, 2008. On pourra aussi se reporter à certains articles du « Dictionnaire Plutarque » établi sous la direction de Pascal Payen dans Plutarque, *Vies parallèles* (dir. François Hartog), Paris, Gallimard, coll. « Quarto », 2001. Enfin, pour un autre pays que la France, l'Italie en l'occurrence, on consultera Marianne Pade, *The reception of Plutarch's lives in fifteenth century in Italy*, Copenhague, Museum Tusculanum Press, 2007 (2 volumes).

2 Pour une étude des anecdotes chez Plutarque, on consultera la synthèse de P. Schmitt-Pantel : « Anecdotes et histoire chez Plutarque. Etat de la question et interrogations », *Europe*, n° 945-946, « Historiens de l'antiquité », janvier-février 2008, pp. 238-251. Cet article est repris dans *Hommes illustres. Mœurs et politique à Athènes au Ve siècle*, Paris, Aubier, coll. « Collection historique », 2009 (voir le dernier chapitre : « Plutarque biographe et historien » pp. 175-196). On rappellera que le terme « anecdote » est d'un emploi moderne. Inusité au XVIe siècle, il n'était pas employé par les humanistes pour traiter des « micro récits » d'apparence anodine et secondaire qui font la marque du style de Plutarque.

3 Pour les textes, on se reportera à l'exemplaire fourni en annexe.

poser problème en ce qu'elle met aux prises foi et science[4]. Nous traiterons de trois exemples de sa réception : la traduction qu'en propose Jacques Amyot, l'usage qui en est fait dans le *De Subtilitate* de Jérôme Cardan, enfin celui dont elle fait l'objet dans le *Tractatus de monstris* d'Arnaud Sorbin. Ces exemples montrent que la Renaissance s'efforce d'imposer des bornes au récit de Plutarque, de faire rentrer dans un cadre normé les potentialités offertes par les caractéristiques qu'il revêt et qui en font, selon nous, une anecdote. Mais cette forme résiste à l'entreprise de normalisation que l'on tente de lui faire subir. Elle ouvre alors d'autres voies d'approche des phénomènes et s'offre moins comme une forme rhétorique que comme une structure de pensée à valeur heuristique.

Forme du récit chez Plutarque : les caractéristiques d'une anecdote

Pour apprécier l'utilisation que les humanistes font de ce récit, il convient de revenir à la source pour étudier les caractéristiques qui en font une anecdote. Nous saisirons cette forme en termes d'anomalie textuelle et d'espace d'ouverture. Aussi nous intéresserons-nous à la manière dont elle se rattache à l'ensemble dans laquelle elle s'insère.

De ce point de vue, notre récit témoigne d'une certaine autonomie et fait l'effet d'une digression. Inséré dans la biographie de Périclès, il intervient au moment où Plutarque traite de la formation reçue par l'Athénien, en évoquant notamment le rôle joué auprès de lui par le philosophe Anaxagore[5]. Le lien entre le récit et ce qui précède s'opère donc par les personnages[6]. Toute-

4 Sur la réception de cette anecdote à la Renaissance, voir J. Céard, *La Nature et les prodiges*, Genève, Droz, 1996, p. 6-7. Il évoque « la fréquence avec laquelle [les hommes de la Renaissance] citent cette page de la *Vie de Périclès* où Plutarque, étudiant les fruits que l'Athénien tira de la fréquentation d'Anaxagore, relate qu'un jour on lui apporta une tête de bélier qui n'avait qu'une corne ». Pour une approche générale de ces questions à la Renaissance, nous renvoyons, outre l'ouvrage de Jean Céard, à Henri Busson, *Le Rationalisme dans la littérature française de la Renaissance*, Paris, Vrin, 1957 (2e éd.), et Ernst Cassirer, *Individu et cosmos dans la philosophie de la Renaissance*, Paris, éditions de Minuit, 1987 (pour la traduction en français).

5 Anaxagore est un philosophe pré-socratique (v. 500-v. 428 av. J. C.) appartenant à la tradition philosophique ionienne.

6 Anaxagore est introduit au chapitre 4 et notre récit se trouve au chapitre 6. Les divisions que nous utilisons sont celles de l'édition des *Vies parallèles* dans la C.U.F., reprises par l'édition de F. Hartog, *op. cit.*

fois, dans notre texte, l'introduction d'Anaxagore est tardive et il est d'abord question d'un personnage inconnu du lecteur et qui ne fera aucune réapparition, le devin Lampon[7]. Ce dernier constitue une première anomalie, il vient rompre l'ordonnance du récit. Son introduction inopinée est une brèche dans le récit et comme un défi lancé au rationalisme dont est porteur Anaxagore. Par ailleurs, l'anecdote est introduite sans connecteur logique explicitant le lien avec ce qui précède : Plutarque se contente d'un assez vague δέ. Du point de vue du contenu, le lien entre cette anecdote et son « contexte », s'il existe en apparence, s'avère, dans les faits, assez lâche. Plutarque, en amont, évoque les profits que Périclès a tirés de la fréquentation d'Anaxagore, notamment la capacité à s'élever au-dessus de la superstition. Cela donne lieu à un commentaire général de sa part sur la superstition et sur les apports de la philosophie pour la combattre. A première vue donc, notre anecdote illustre cette réflexion, et, concernant Périclès, montrerait sa capacité à s'élever au-dessus de la superstition. Or, le récit qui met face à face Anaxagore et Lampon[8] et relate leur appréhension respective du prodige ne fait nulle mention de la réaction de Périclès : ce dernier est marginalisé. Le propos de Plutarque dérive et s'infléchit : en aval du récit, le biographe, oubliant Périclès, commente la double interprétation à laquelle le prodige a donné lieu. Et Plutarque de clore ce développement par une remarque qui en souligne la nature digressive. A la suite, sans transition, il change de sujet pour revenir au récit de la jeunesse de Périclès.

L'anomalie en quoi consiste ce récit apparaît encore par le type de discours auquel il appartient : il se distingue de ce qui précède et présente les caractéristiques d'une anecdote. Il est introduit par une formule qui en signale la « source » : λέγεται[9]. L'ensemble du propos, jusqu'au commentaire de Plutarque, consiste en des propositions infinitives sous la dépen-

7 C'est la seule mention du personnage dans l'œuvre de Plutarque. Claude Mossé, responsable des notes de la *Vie de Périclès* dans l'édition des *Vies* dirigée par F. Hartog, précise que ce Lampon est connu pour avoir participé à la fondation de la colonie de Thourioï à l'instigation de Périclès (*op. cit.*, p. 327, note 23). Auguste Bouché-Leclercq traite du personnage et du mépris dont il faisait l'objet de la part de Périclès, citant à l'appui Aristote (*La Rhétorique* 1419 a). Voir A. Bouché-Leclercq, *Histoire de la divination dans l'Antiquité*, Grenoble, Jérôme Millon, coll. « Horos », 2003, p. 333 (il s'agit d'une réédition de l'ouvrage en 4 volumes parus entre 1874 et 1892).

8 C'est ce face-à-face qui intéresse Plutarque ; il est souligné par les balancements μέν//δέ récurrents autour desquels s'organise la confrontation entre le philosophe de la nature et le devin.

9 Il s'agit du verbe λέγειν (dire) employé au passif impersonnel ; la forme correspond au français « on dit que ».

dance de ce verbe[10]. Cette manière de narrer les faits souligne une forme d'oralité dans leur transmission, Plutarque prend du reste des distances avec ce qu'il rapporte et se fait écho de la rumeur publique. Autant d'éléments qui font de notre récit une anomalie ouvrant une brèche : une voix mal identifiée, presque occulte, s'invite dans le discours de l'historien. Par ailleurs, ce texte prend la forme d'un récit singulatif[11], ce qui contraste avec les éléments textuels qui l'entourent[12]. Cet aspect est marqué par l'adverbe temporel ποτε (« un jour ») à l'orée de l'anecdote. La détermination temporelle reste cependant vague. Cet élément renforce l'impression d'un récit issu de la rumeur publique. Il le constitue aussi comme un événement qui rompt le cours normal. Dans le même temps, cet adverbe inscrit les faits dans le temps : il s'agit bien d'un récit avec une « action » qui progresse. Ce développement, dont on peut relever les étapes[13], reste d'une ampleur modeste. Il a la brièveté d'une anecdote, caractéristique qui fait de lui une simple brèche.

En somme, l'anecdote s'offre, chez Plutarque, comme un espace d'ouverture, ouverture du sens, ouverture du texte. Alors que le propos en amont de l'anecdote invite à une attitude rationaliste, rempart contre la superstition, celui situé en aval établit une possible coexistence de l'attitude rationnelle et de l'attitude religieuse[14]. Pour rejoindre le fil de son propos, Plutarque abandonne sa réflexion laissant ouvert un éventuel autre livre. Dès lors on ne peut que souscrire aux propos de Montaigne qui dit de Plutarque qu' « il guigne seulement du doigt par où nous irons, s'il nous plaist, et se contente quelquefois de ne donner qu'une attainte dans le plus vif du propos »[15].

---

10 Les propositions infinitives dépendant d'un verbe de parole sont l'équivalent du discours indirect en français.

11 Cette notion a été forgée et théorisée par Gérard Genette dans *Figures III*, Paris, Seuil, 1972. Voir aussi *Discours du récit* du même auteur, Paris, Points Seuil, 2007. Le récit singulatif consiste à raconter une fois ce qui s'est passé une fois. Ce récit se distingue, entre autres, du récit itératif qui consiste à raconter une fois ce qui s'est passé plusieurs fois.

12 Ces derniers s'offrent comme des récits itératifs ou des commentaires au présent aléthique.

13 On peut appliquer à ce fragment textuel le schéma quinaire de P. Larivaille, simplification du schéma de Propp, pour définir une séquence narrative. Des marqueurs temporels, tout aussi vagues, balisent les étapes.

14 L'ouverture, du sens et du texte, s'accomplit par ce refus de trancher en faveur de l'une ou l'autre explication. Elle passe aussi par la manière dont Plutarque modalise son propos en le présentant comme un avis personnel (par le οἶμαι, traduit par « à mon avis »). En refusant toute affirmation dogmatique, Plutarque ouvre la porte à d'autres interprétations du phénomène. Le lecteur est comme incité à poursuivre la réflexion.

15 *Essais*, Paris, PUF, coll. « Quadrige », 1999 (3e édition), I, 26, p. 126.

Les partis pris d'un traducteur : Plutarque traduit par Amyot

Traducteur de Plutarque, Amyot devrait donner une version de l'anecdote fidèle, du moins ne pas infléchir le sens dont elle est porteuse dans les questions philosophiques et scientifiques qu'elle soulève. Or, ses choix de traduction contribuent à « déformer » le texte d'origine et influent sur l'interprétation des faits.

Amyot tend d'abord à neutraliser la nature digressive de l'anecdote. Il semble vouloir renforcer la cohérence du texte, et le récit, dans sa traduction, perd quelque peu son statut d'anomalie. Les liaisons logiques sont « travaillées » par Amyot qui s'efforce d'annuler l'indétermination des δέ[16]. Ainsi, l'anecdote est introduite, dans sa traduction, par un « à ce propos ». La locution contribue à faire du récit, plus que ce n'était le cas chez Plutarque, une illustration des remarques générales sur la superstition et sur l'influence positive qu'a eue Anaxagore sur Périclès. En aval, le commentaire personnel de Plutarque est également rattaché de manière plus serrée au récit qui le suscite : un « Aussi », à l'ouverture de la phrase, traduit le δεϖ, instaurant un lien de cause à conséquence entre l'anecdote et le commentaire : l'ensemble semble dès lors plus cohérent.

Sur une assez longue distance, Amyot suit Plutarque restituant les propos de la rumeur publique. Il traduit fidèlement le λέγεται par un « Lon dit » et retranscrit les propositions infinitives du texte grec par des propositions complétives. Toutefois, sans que l'on puisse déterminer si Amyot le fait dans un souci d'élégance, le procédé s'interrompt dès qu'il s'agit de rendre compte des réactions de la foule : Les phrases qui en rendent compte acquièrent de l'autonomie[17]. La cohérence que le traducteur a voulu établir se défait.

Par ailleurs, des interventions d'Amyot engagent l'interprétation de l'anecdote : sa traduction semble valoriser le devin Lampon contre Anaxagore. Tout se passe comme si Amyot cherchait à minimiser les critiques de Plutarque à l'encontre de la superstition. A cet égard, il se montre conséquent : sa traduction irait dans le sens du propos qu'il tient dans la préface qu'il ajoute au traité de Plutarque *De la superstition* lorsqu'il en publie la

16 Sur les procédés utilisés par Amyot pour renforcer la cohérence du texte qu'il traduit, voir R. Sturel, *op. cit.*, p. 203 *sq.* Robert Aulotte commente aussi, dans le même sens, le soin apporté par Amyot à la traduction des mots de liaison καί et δέ : *op. cit.*, p. 281.

17 « si en fut Anaxagoras fort estimé sur l'heure par tous les assistans, mais Lampon le fut aussi bien tost apres, [...] ». Et l'on peut, ici encore, noter l'ajout par Amyot d'un lien logique, inexistant dans le texte grec : le « si » qui introduit les réactions de la foule vient renforcer la cohérence du propos.

traduction : « Ce traitté est dangereux à lire, & contient une doctrine faulse : car il est certain que la Superstition est moins mauvaise, & approche plus pres du milieu de la vraye Religion, que ne fait l'impiete et Atheisme[18] ».

Peut-être est-ce alors pour prémunir de l'athéisme le lecteur de Plutarque qu'Amyot, dans sa traduction de la *Vie de Périclès*, donne l'ascendant au devin Lampon ; peut-être craint-il de faire valoir le rationalisme d'Anaxagore. Sa traduction tend à accréditer la manière dont le devin appréhende l'événement survenu. Dans le texte de Plutarque, Lampon se contente de dire (εἰπεῖν) le sens qu'il donne au prodige et a simplement vu (εἶδε) le bélier prodigieux. Dans la traduction en revanche, le devin adopte une démarche plus « scientifique », et son point de vue semble le fruit d'une analyse ; il en acquiert dès lors plus de crédit :

> & et que le devin Lampon aiant **consideré** ceste teste qui n'avoit qu'une corne forte & dure au meilieu du front, **interpreta** que cela **vouloit dire**, que, [...] (nous soulignons).

En outre, l'interprétation que le devin donne du fait survenu acquiert plus de pertinence dans la traduction française. Dans le texte grec, la provenance du bélier est indiquée par un simple ἐξ ἀγρούς (« d'un champ »). Amyot traduit par « de l'une de ses terres », l'adjectif possessif ayant pour référent Périclès qui vient d'être nommé. Il explicite donc cette provenance, justifiant ainsi l'interprétation du prodige par Lampon. D'autres ajouts ou explicitations d'Amyot témoignent de son souci de rendre pertinent le point de vue du devin. Il insiste sur l'unicité de la corne : il rend avec précision le μονοκέρω grec auquel il donne pour équivalent « qui n'avoit qu'une corne seule ». L'adjectif qui suit le nom empêche de lire le déterminant comme un indéfini et invite à lui donner son sens numéral. Amyot lève ainsi les ambiguïtés du français. De même, et ici il s'écarte du texte grec, il met en valeur les nombres dans l'interprétation du devin : « la puissance des **deux** seroit toute reduitte en une » (nous soulignons). Ce faisant, il rend plus claire la métaphore politique que représente, selon le devin, ce bélier. L'ascendant pris par le devin chez le traducteur apparaît encore à la fin du récit. Plutarque conclut sa réflexion en notant les mérites et les attributions respectifs du devin et du philosophe de la nature :

> ὑπέκειτο γὰρ τῷ μέν, ἐκ τίνων γέγονε καὶ πῶς πέφυκε, θεωρῆσαι, τῷ δέ, πρὸς τί γέγονε καὶ τί σημαίνει, προειπεῖν [19]

18 Plutarque, *Œuvres morales et mêlées*, trad. Amyot, Paris, Vascosan, 1572, 119F.

19 « Car l'un se proposait de découvrir les causes et les modalités du phénomène, l'autre de prédire en vue de quoi il s'était produit et ce qu'il signifiait ».

La phrase adopte un rythme binaire appuyé par le balancement μεϖν/δεϖ, l'ensemble rend compte d'une répartition harmonieuse des compétences. Amyot rompt cette gracieuse symétrie et « escamote » les compétences du philosophe : alors qu'il conserve au devin la double compétence que lui octroie Plutarque, il réduit le rôle du philosophe à l'analyse des modalités du phénomène évinçant la recherche de la cause ; et la partie qu'il évince n'est pas anodine : c'est précisément la question de la cause qui fait débat.

Mais Amyot semble comme pris au piège de sa traduction et opère des choix qui, incidemment, mettent en cause l'interprétation providentialiste des faits qu'il semble voir donner : le hasard s'invite dans sa traduction. D'abord par l'introduction d'Anaxagore. De fait, peut-être gêné par l'intervention inopinée du personnage dans le récit, Amyot ajoute, lorsqu'il fait mention du philosophe, la proposition relative « qui se trouva là present », sans équivalent dans le texte grec. On retrouve ici le souci d'Amyot de réduire les anomalies. Ce faisant, volontairement ou non, il introduit une forme de hasard (le « se trouva » qu'il ajoute correspondrait à un ἔτυχεν virtuel) : la confrontation de la philosophie et de la religion devient le fait d'une rencontre fortuite. Et ce hasard apparaît à nouveau dans la traduction quand rien ne l'appelle dans le texte grec. En effet, Plutarque énonce la « prise de pouvoir » de Périclès au moyen d'un génitif absolu. Le verbe autour duquel s'articule ce génitif absolu, le verbe γίγνομαι, n'implique nullement l'idée de hasard. La traduction d'Amyot est moins nette : la locution verbale qu'il élit, « tomber entre les mains de », ouvre la brèche au hasard. Elle semble donner la prise de pouvoir de Périclès comme le résultat de circonstances fortuites. Qui plus est, la traduction met l'accent sur la survenue du fait, ce que souligne l'emploi du passé simple, temps qui renforce l'impression de soudaineté, et par là de contingence. Enfin, et cette fois l'interprétation est inscrite dans le texte de Plutarque, l'appréhension des faits par les deux personnages, Lampon et Anaxagore, est saisie en termes de rencontres fortuites : Plutarque utilise le verbe ἐπιτυγχάνειν et Amyot traduit par « aient bien & veritablement **rencontré** tout ensemble[20] ». En somme, cette anecdote devient, dans la traduction d'Amyot, le lieu d'une heureuse rencontre : celle de la philosophie naturelle et de la religion, rencontre qui vient enrichir la perception et l'appréhension d'un événement.

Ainsi, les choix opérés par Amyot dans sa traduction témoigne du partage entre raison et foi qui affecte les hommes du XVIe siècle, des hésitations

20 Nous soulignons. Sur la manière dont Amyot, par ses choix de traduction, introduit le hasard dans les textes de Plutarque, on consultera l'article d'O. Guerrier, « La fortune providentielle : lectures de Plutarque au XVIe siècle (II) », consultable en ligne : http://www.cesr.univ-tours.fr/Publications/HasardetProvidence.

de ce « siècle qui veut croire » tout en s'efforçant d'opérer une saisie rationaliste des faits[21]. Ces hésitations sont reconduites dans la version que Cardan propose de l'anecdote plutarquienne, mais ici les manipulations sont plus manifestes et sans doute mieux revendiquées.

Une anecdote « manipulée » : l'utilisation par Cardan dans le *De Subtilitate*

Publié pour la première fois en 1550 dans sa version en latin et traduit en français dès 1556 par Richard Leblanc, le *De Subtilitate*, ouvrage du médecin et astrologue italien Jérôme Cardan, s'offre comme une encyclopédie du savoir et témoigne d'un intérêt particulier porté aux phénomènes relevant du prodige[22]. Dans ces phénomènes, Cardan, partisan d'une unité du cosmos, voit la combinaison de causes naturelles, ou efficientes, et de causes supérieures, ou finales. On comprend dès lors l'attention qu'il a portée à l'anecdote du bélier unicorne. Mais il manipule le texte et l'accompagne de commentaires qui en infléchissent le sens.

C'est d'abord d'un point de vue formel que Cardan transforme le texte de Plutarque. Dans le *De Subtilitate*, l'épisode emprunté à la *Vie de Périclès* perd le statut d'anecdote. Cette transformation est sans doute en rapport avec l'ouvrage dans lequel Cardan l'insère, un traité. Si l'on considère plus précisément la manière dont les faits sont agencés, on s'aperçoit que la dimension narrative s'estompe au profit d'une dimension discursive. L'épisode ne fait plus « saillie » dans le texte, il est plus nettement intégré. De fait, Cardan part d'une généralité à laquelle il subordonne étroitement l'épisode emprunté à Plutarque. Le prodige de l'anecdote plutarquienne n'est pas présenté comme un cas unique. L'emploi de l'indicatif présent (*contingit*) accompagné d'un adverbe de fréquence (*quandoque*), quand bien même cet adverbe indique une fréquence rare, contribue à inscrire ce fait dans une certaine normalité, du moins dans une certaine régularité. Aussi l'épisode arrivé à Périclès n'est-il qu'un exemple d'un cas général. Cardan le mentionne à l'intérieur d'une proposition comparative introduite par *ut* : la syntaxe de la

21 Sur ce partage et la manière dont il se traduit dans les textes, voir Terence Cave, *Préhistoires. Textes troublés au seuil de la modernité*, Genève, Droz, 1999.

22 Pour une présentation globale de Cardan et de son œuvre, se reporter aux pages que leur consacre J. Céard, *op. cit.*, chap. IX, pp. 229-251. On lira aussi, dans le présent volume, l'article de Violaine Giacomotto-Charra.

phrase témoigne de la manière dont Cardan subordonne le cas particulier de Périclès à un cas général. Par ailleurs, Cardan démantèle la séquence narrative bien réglée du texte original : il s'autorise du cas général dont est rapproché l'événement survenu chez Périclès pour ne pas exposer la situation initiale. *Ex abrupto*, il rend compte de l'interprétation des faits par le devin, devenu, dans sa version, un collège d'haruspices. Et, sans faire mention d'Anaxagore, il suit ce « fil » jusqu'à son terme, narrant, à la suite de cette interprétation, les faits qui ont suivi et qui sont venus la confirmer. L'on peut noter, en outre, l'insertion dans le récit, d'une explication qui rompt le fil narratif et qui vient justifier la pertinence de l'interprétation. Cardan introduit une liaison logique, et non temporelle, au moyen du *nam* (« en effet »). Adoptant une démarche logique et non narrative, Cardan ne rapporte qu'ensuite l'intervention d'Anaxagore, sans souci de préparer l'introduction du personnage. Ici encore, c'est une liaison logique qui fait le lien, la conjonction adversative *Sed* (« mais »). Et là s'arrête chez Cardan la narration de l'épisode : il ne rapporte pas les réactions de la foule. Il en vient à une réflexion sur ces faits dont il n'a retenu que ce qui l'intéresse. Son texte s'ancre alors dans le discursif, comme en témoignent l'emploi de liens logiques (*sed si*, *itaque*, *quamobrem*, *enim*), l'utilisation de concepts, ou du moins d'abstractions, qui prennent la place des personnages individualisés (*sapientia*, *philosophia*), l'emploi du présent et encore les adresses au lecteur sous la forme d'interrogations rhétoriques (*Quid enim*... ; *nonne est ac si*...). Cardan revient ensuite à l'épisode emprunté à Plutarque, mais sa démarche est encore celle de la réflexion : introduite par *ergo* la mention du fait est rattachée au commentaire qui a précédé. Il vient « boucler » la démonstration et confirmer sa validité sur le modèle du *quod erat demonstrandum*. Ainsi, chez Cardan, le récit emprunté à Plutarque est intégré à un raisonnement auquel il se subordonne. On ne peut plus parler d'anecdote : la logique narrative est brisée au profit d'une démarche réflexive. Aucune autonomie n'est laissée au récit qui ne peut être extrait de l'ensemble dans lequel il s'insère. De Plutarque à Cardan, on passe d'un espace d'ouverture à un espace de fermeture. Cardan « ficelle » le récit de Plutarque et le place au service d'une interprétation personnelle et originale. Cette dernière est régie par d'autres manipulations qui portent sur le contenu de l'épisode narré.

En effet, sur le plan du contenu, le récit diffère aussi de la version qu'en donne Plutarque[23]. D'une part, Cardan « romanise » les faits par la substitu-

23 Il est possible que Cardan n'ait pas directement puisé à la source grecque et que l'épisode soit passé dans son texte au terme d'une série de relais.

tion des haruspices au devin Lampon[24]. Le pluriel tend à donner du poids et du crédit à cette instance. L'éviction de l'individu qu'est Lampon participe aussi de la « normalisation » de l'épisode, c'est une manière d'ôter l'anomalie que constituait l'introduction d'un inconnu. D'autre part, les circonstances historiques et politiques ne sont pas celles du texte de Plutarque. Le médecin italien place l'épisode à une époque postérieure. Chez Plutarque, le prodige se produit avant que Périclès ne s'impose à la tête d'Athènes. Chez Cardan, Périclès est à la tête de la cité au moment des faits[25]. Cette modification des circonstances politiques a des conséquences sur l'interprétation des faits : le prodige préfigure le déclin d'Athènes largement affectée par la guerre du Péloponnèse. « Les signes » que prodigue ce prodige ne tiennent pas, chez Cardan, au nombre de cornes du bélier. Cardan est sensible à la perturbation de l'ordre naturel[26] : le bélier annonce « la confusion à venir de toutes choses » (*futuram omnium rerum confusionem*) parce que, dans ce bélier, « deux choses naturellement séparées s'étaient réunies en une seule » (*duo natura distincta in unum coierant*). La suite de l'interprétation est plus subtile encore : la réduction de deux cornes à une implique, pour le bélier, une privation des moyens de défense à sa disposition (*diminuto numero armorum*). Dès lors, le prodige préfigure aussi « une « diminution du pouvoir de la cité » (*diminutionem potentiae urbis*), avec dans le texte latin un écho entre *diminuto* et *diminutionem* qui rend pertinente l'interprétation des haruspices[27].

Derrière les manipulations de forme et de contenu que Cardan fait subir à l'anecdote plutarquienne, s'exprime une certaine conception du prodige. Dans son étude sur l'insolite au XVIe siècle, Jean Céard rappelle la position de Cardan et son attachement à la découverte des causes naturelles qui sont au fondement des phénomènes : « Il ne suffit pas à Cardan que la cause finale soit définie, il veut encore qu'on s'enquière des causes efficientes. Il fait

24 Les haruspices, « caste » issue de la civilisation étrusque, sont étrangers à l'Athènes classique.

25 Cette situation historique est mentionnée à deux reprises par Cardan, au début du passage pour introduire le prodige et au moment où Cardan justifie l'interprétation du prodige par les haruspices.

26 Pour Cardan en effet la nature est soumise à un ordre et il répugne à toute idée de hasard à l'œuvre dans la Création. C'est un point sur lequel il réfute la doctrine d'Epicure. Voir, à ce propos, le début du livre XI du *De subtilitate*.

27 Cet écho de vocabulaire souligne la manière dont fonctionne la tératoscopie élaborée par Cardan. Développant l'utilisation faite par Cardan du bélier unicorne de Plutarque, Jean Céard note : « Beaucoup d'autres exemples attestent qu'en effet les prodiges ont cette signification, pour ainsi dire, allégorique » (*op. cit.*, p. 250). Cardan, partisan d'un ordre dans la Nature, croit en l'existence d'une universelle analogie.

même consister dans la recherche des causes la dignité de l'homme[28] ». Ce propos vient souligner l'attitude double de Cardan : la conception finaliste, voire providentialiste qu'il a de la nature s'allie chez lui à une attitude rationaliste. Toutefois, dans le passage du *De subtilitate* qui nous préoccupe, il adopte une position qui ne laisse pas de poser problème. Notons d'abord que Cardan commence par reprendre le point de vue conciliant de Plutarque, point de vue conforme à sa position en la matière. Son propos reprend les conclusions émises par Plutarque à l'issue du récit, Cardan se contentant d'adapter le texte du philosophe grec à une terminologie qui lui est propre : le terme *proprias* entre en écho avec la notion de *proprietas* essentielle au système qu'il conçoit et à son explication des prodiges[29]. Mais le rationalisme de Cardan trouve ses limites dans le cas de notre anecdote et son propos met en défaut l'interprétation d'Anaxagore. En effet, la conciliation des deux points de vue, rationaliste et providentialiste, est précédée d'un argument, sans équivalent chez Plutarque, qui vise à réfuter l'interprétation d'Anaxagore :

> Mais si le fait s'est produit pour cette seule raison [la réunion des deux ventricules du cerveau en un seul, explication rationnelle et naturelle d'Anaxagore pour rendre compte du prodige], il aurait convenu que la corne naisse en son temps et non au moment de la naissance du bélier[30].

Le défaut de l'interprétation tient pour Cardan à un manque de cohérence et échoue à rendre compte du fait dans son intégralité (la présence d'une corne dès la naissance du bélier). Cardan ne réfute pas l'explication rationnelle, mais il en note l'insuffisance. Pour lui, les deux explications, celle des devins et celle des physiciens, ne sont pas compatibles mais complémentaires. A travers ce raisonnement, ce que refuse Cardan, c'est la possibilité du hasard[31]. Il est obnubilé par la volonté de découvrir un ordre dans la nature. Aussi l'explication d'Anaxagore ne peut-elle lui suffire : si elle rend compte de la présence d'une corne là où on en attend deux, elle n'explique pas la

---

28 *Op. cit.*, p. 242.

29 Sur la notion voir, J. Céard, *op. cit.*, p. 237-238. Cette notion permet à Cardan de concevoir l'existence de monstres dans une nature soumise à un ordre. J. Céard définit la notion telle qu'on la trouve chez Cardan comme « un trait distinctif particulier qui, même si on peut l'expliquer partiellement par la nature de la chose, garde cette caractéristique mystérieuse de lui appartenir en propre ». Il précise que les *proprietates* peuvent être spécifiques, c'est-à-dire concerner une espèce, ou individuelles, autorisant l'existence d'êtres singuliers.

30 Pour le texte latin, se reporter à l'exemplier fourni en annexe.

31 On notera toutefois que le verbe *contingit* que Cardan emploie avec insistance introduit une forme de hasard.

survenue précoce de cette corne. Mais Cardan porte plus loin encore sa lecture de l'épisode et son point de vue relève du paradoxe au sens premier du terme, il prend le contre-pied de l'opinion commune, notamment dans le jugement porté sur les personnages historiques. On le voit imputer à Périclès le déclin d'Athènes, et au contraire réhabiliter Néron, l'empereur romain voué à la *damnatio memoriae*[32]. Et, paradoxe plus étrange encore, Périclès est accusé pour sa pratique de la philosophie, incarnée dans son association avec Anaxagore, alors que Néron est approuvé pour avoir mis les philosophes au ban de Rome. Comme l'est la rhétorique chez Platon, la philosophie devient pour Cardan capable de la pire comme de la meilleure des choses selon qui la manie. Il prête de mauvaises intentions à Anaxagore et à Périclès : ils auraient volontairement tu la valeur prophétique du bélier. Cardan laisse supposer qu'ils ont foi dans l'explication donnée par les devins, mais qu'ils la cachent (*rem callide texit*)[33]. La raison n'est pas précisée, mais on peut la saisir : ce présage dessert les ambitions politiques de Périclès. Le propos s'infléchit vers une perspective morale dont on retrouve tout un vocabulaire. On perçoit, dans ce passage, le poids de la doctrine religieuse : la philosophie doit se rendre compatible avec les dogmes de l'Eglise pour être acceptable et acceptée. Cardan inverse l'ordre « normal » des choses dans une perspective conforme aux préceptes de l'Evangile mais néanmoins paradoxale[34] : les méfaits viennent de la sagesse, alors que la stupidité est porteuses des bienfaits de la bonne volonté. On peut reconnaître un écho au *beati pauperes spiritu*, mais aussi à l'éloge paradoxal de la folie par Erasme. Cardan laisse donc entendre que si les Athéniens avaient écouté les haruspices sans se laisser manipuler par le philosophe et l'homme politique ambitieux, leur cité aurait pu éviter les malheurs dans lesquels elle fut plongée. Mais le raisonnement pose le problème de la responsabilité réelle de Périclès, problème que Cardan se garde bien de soulever : si les Athéniens avaient suivi les « conseils » du présage, celui-ci n'aurait pas été accompli. La « manipulation » du présage par Périclès et par Anaxagore n'est-elle pas aussi décidée par la Providence ? C'est la question de la liberté humaine que Cardan n'aborde pas. Le récit de Plutarque ménage encore des ouvertures :

32 Cardan est l'auteur d'un éloge de Néron, ouvrage relevant du genre de l'éloge paradoxal. Ce texte pourrait être une simple plaisanterie. Cardan y établit les bons côtés que les mauvaises natures peuvent avoir.

33 Cette attitude fait écho à celle préconisée par Cardan – et peut-être adoptée par lui – dans le *De Sapientia* : selon lui, le sage, s'il est incroyant, doit dissimuler son athéisme et se plier à l'attitude commune.

34 Le paradoxe tient encore à l'attitude de Cardan à l'égard de l'Eglise, lui qui fut condamné pour son athéisme. La manipulation du texte plutarquien pourrait n'être qu'une dissimulation de sa position hétérodoxe.

en sa qualité d'anecdote, il résiste à tout asservissement à une thèse préconçue et se prête à l'ambiguïté.

Résistance de l'anecdote à l'*exemplum* : l'utilisation du récit plutarquien dans le *Tractatus de monstris* d'Arnaud Sorbin

La force de résistance à l' « embrigadement » dont témoigne le récit plutarquien apparaît plus manifestement encore dans l'usage qu'en fait Arnaud Sorbin dans son *Tractatus de monstris*. Publié en 1570, cet ouvrage fut, en 1582, intégré aux *Histoires prodigieuses* de Boaistuau. Il est alors donné dans une traduction française que l'on doit à Belleforest et sa reproduction n'est que partielle[35]. Le traité de Sorbin relève du discours de prédication. Il est précédé d'une « préface ou avant-discours » qui énonce avec fermeté l'intention poursuivie. Ce texte prend la forme d'un sermon et en possède les marques : le discours est adressé - et l'adresse est véhémente -, le destinataire est la communauté chrétienne invitée par Sorbin à s'humilier. Son discours est du reste pétri de références aux Ecritures Saintes convoquées à l'appui de sa démonstration. Il s'agit pour Sorbin d'inviter le lecteur à tenir compte des monstres pour prendre conscience de ses péchés et de la corruption grandissante de ce monde, qui semble à son paroxysme au moment où il écrit. Il y urgence à s'amender pour Sorbin : la fin des temps serait proche. Cette lecture des prodiges contribue à faire des monstres des marques de nos péchés :

> Or si, suivant l'opinion d'Aristote, les monstres, par leur seule génération, sont nommés fautes de la nature, pourquoi s'étonner de ce que, par ses productions appelées péchés de la nature – en raison d'une sorte d'écart avec le cours naturel à l'endroit de leur naissance – soient montrées comme du doigt les productions qui sont véritablement des monstres en matière spirituelle ?[36]

---

35 Belleforest supprime des chapitres et ne reproduit pas l'épître dédicatoire que Sorbin adressait au cardinal d'Armagnac. Sa traduction omet aussi les prières qui venaient clore chaque chapitre. Nous donnons, dans l'exemplier, le texte de Sorbin et celui de Belleforest et nous commenterons les deux textes, la comparaison nous semblant signifiante et féconde pour la réflexion qui nous intéresse.

36 « *Quod si, juxta Aristotelis sententiam, ex ipsa generatione monstra : dicantur naturae peccata, quid mirum si per ea opera, quae natura peccata dicuntur, eo quod in eorum procreatione a naturali cursu quodammodo aberratum sit, ea quasi digito, monstrantur*

Le monde devient un miroir de la dépravation et de la corruption de l'âme humaine. Sorbin mue le *caeli enarrant gloriam dei* en un *monstra enarrant miseriam hominis*.

Or c'est au sein de cette préface au ton de prédication que Sorbin fait mention de l'histoire d'Anaxagore et de Lampon. Comme dans le *De Subtilitate* de Cardan, le récit perd son statut d'anecdote, mais c'est alors pour revêtir la forme d'un *exemplum*, plus précisément de l'*exemplum* médiéval[37]. Il s'insère dans un ensemble dont il est solidaire : il est introduit dans une proposition comparative ; le propos qui suit s'ouvre sur un *sic* qui institue un lien de similarité entre les deux développements[38]. La source de ce récit est explicitement donnée : *ut quondam apud Plutarchum accidisse legimus* ; elle est présentée comme une source écrite et la mention du nom confère à Plutarque le statut d'*auctoritas*. L'anecdote sert la prédication à l'œuvre, elle met en garde le lecteur qui voudrait mépriser les signes envoyés par Dieu. Anaxagore devient un contre-exemple. Il adopte l'attitude qui est celle des impies (*impios*) selon le témoignage de Salomon qui suit notre récit. De fait, ajoutant au texte original, Sorbin met l'accent sur l'attitude méprisante d'Anaxagore qu'il décrit par le verbe *ludo*. Belleforest appuie le trait dans sa traduction, utilisant par deux fois le verbe « se moquer » à propos d'Anaxagore[39]. Du reste, la périphrase qui caractérise ce personnage témoigne du point de vue négatif porté sur lui : *argutus physiologus*. La traduction de Belleforest – « subtil et curieux rechercheur des causes naturelles » – renforce le blâme par les adjectifs en doublet. Le rationalisme d'Anaxagore relève de l'argutie et nuit au sentiment religieux. Cette vision du savant est conforme à la pensée de Sorbin, adversaire de la curiosité comme le rappelle Jean Céard dans *La Nature et les podiges* en citant, à l'appui, l'épître dédicatoire du *Tractatus de monstris* supprimée par Belleforest :

> L'épître dédicatoire, que Belleforest ne traduisit pas, est un long réquisitoire contre la « Gallorum curiositas pessima » : « si grande, en effet, est et a toujours été la curiosité de presque tous les Français qu'il n'est aucun endroit où ils n'aient souhaité voir ce qu'on n'avait jamais vu ou ouïr ce que on n'avait jamais ouï ». Et Sorbin cite Jean Chry-

---

opera, quae in rebus spiritualibus revera monstra sunt », Sorbin, *Tractatus de monstris*, Paris, *ap.* Jérôme de Marnef et Guillaume Cavellat, 1570, r°9.

37 Ce procédé, héritier de l'*exemplum* antique, est défini par C. Brémond, J. Le Goff et J.-P. Schmitten ces termes : un récit bref donné comme véridique et destiné à être inséré dans un discours (en général un sermon) pour convaincre un auditoire par une leçon salutaire (*L'Exemplum*, Turnhout-Belgium, Brepols, 1982 p. 37-38).

38 La traduction de Belleforest procède de même.

39 Plus bas, la même attitude est donnée pour caractéristique des gens sots et de peu d'esprit qui refuseraient de de prêter attention aux monstres dont Sorbin écrit un traité.

sostome : « Mieux vaut ignorer que mal savoir. » A cet homme du XVIe siècle, et nourri de lettres antiques, il semble que la savante ignorance d'autrefois a fait place à une pernicieuse science ignorante. Il craint donc de ne pas obtenir l'agrément de cette foule d'hommes pleins de curiosité, à qui il va enseigner que des malheurs suivent les naissances monstrueuses[40].

Anaxagore est donc un repoussoir et le récit plutarquien un argument pour Sorbin dans la lutte qu'il mène contre les « curieux » de son temps circonspects à l'égard de la signification qu'il voit dans les monstres. A l'inverse, Lampon serait une figure modèle : prêtant aux prodiges l'attention qu'ils requièrent, il est capable d'en percevoir le sens. En effet, et ici encore Sorbin modifie le texte de Plutarque, dès lors qu'est introduit le personnage de Lampon, le bélier est donné comme un « signe » : il est désigné du terme *portentum* et sa fonction décrite par le verbe *praenunciari*. La traduction de Belleforest le souligne plus encore : « par ce monstre estois, signifié ». La collocation de mot « monstre » et du verbe « signifier » rappelle l'étymologie du terme et rend compte de l'interprétation proposée de ces créatures.

L'utilisation que Sorbin fait de l'anecdote de Plutarque explique dès lors qu'il la réduise : il n'en retient que ce qui intéresse sa démonstration, en gardant toutefois, à la différence de Cardan, une forme narrative. L'histoire comporte chez lui deux parties correspondant chacune à une phrase, cette structure permet de mettre face à face Lampon et Anaxagore. La première phrase, première partie du récit, condense en son sein l'intervention de Lampon - brève proposition principale qui ne s'embarrasse pas de détails - et son interprétation du prodige inscrite dans une proposition infinitive puisque Sorbin choisit de rapporter les paroles du devin au style indirect. Le rythme est rapide, sans complaisance narrative et Sorbin développe ce qui l'intéresse : le sens de la créature apparue. La seconde phrase, seconde partie du récit, met en scène Anaxagore, sans que Sorbin ne se soucie d'introduire le personnage. Ici encore, il réduit le texte de Plutarque. L'examen du bélier par le philosophe n'est pas retenu. Sorbin indique son attitude rationaliste par la seule périphrase qu'il accole à son nom ; il ne reproduit pas non plus l'interprétation qu'Anaxagore donne du prodige, la mise en scène du personnage se réduit à l'attitude méprisante qu'il adopte à l'égard de Lampon. Enfin, Sorbin ne mentionne pas les réactions de la foule ni la suite des événements, élément qui sert pourtant à accréditer l'interprétation du devin. Il traite le récit de Plutarque dans un but utilitaire, au service de sa prédica-

40 *Op. cit.*, pp. 265-266. On notera que la traduction de Belleforest semble comme compenser la suppression de cette épître dédicatoire par la manière dont elle accentue le blâme à l'égard du philosophe.

tion[41]. Si anecdote il y a, c'est au sens que donnent à ce terme C. Brémond, J. Le Goff et J. -P. Scmhitt quand ils définissent l'*exemplum* médiéval et décrivent son fonctionnement. Ils perçoivent en effet deux parties dans l'*exemplum* : « un noyau central, de type narratif, qui relate le plus souvent un événement singulier, l'aventure arrivée un jour à quelqu'un » et de préciser, après avoir donné un exemple : « Cet élément central, la narration d'un fait constitue ce que nous nommerons *l'anecdote exemplaire* » ; puis, deuxième partie de l'*exemplum*, « à la périphérie, c'est-à-dire avant ou après l'anecdote, introductif ou conclusif, un texte normatif qu' [ils désignent] comme la *leçon* de l'anecdote ». Le récit emprunté à Plutarque semble répondre à ce schéma dans l'utilisation qu'en fait Sorbin ; et pourtant ...

Malgré son insertion dans un cadre largement dominé par l'intention apostolique de son auteur, le récit de Plutarque offre un noyau de résistance et ouvre une brèche dans l'argumentation, pourtant serrée de Sorbin : le fragment de récit se présente comme une anomalie textuelle, tant dans sa forme que dans son fond. En effet, la mention d'Anaxagore vient infléchir la démonstration de Sorbin en introduisant, de manière impromptue, un argument qui n'avait jusqu'alors pas été abordé. Si Sorbin omet les réactions de la foule et s'il ne fait pas mention des événements survenus après le prodige, en revanche il reproduit le commentaire dont Plutarque faisait suivre son anecdote, commentaire qui, on s'en souvient, donne raison tout à la fois à Anaxagore et à Lampon. Ce propos, qui correspond sans doute à des convictions réelles de Sorbin, ne se justifie nullement à l'endroit où il l'insère et, en quelque sorte, il prend la pace de la leçon que comporte un *exemplum* et qui sanctionne de manière normative l'anecdote qui a précédé. Sorbin aurait pu clore son récit sur l'intervention d'Anaxagore et passer d'emblée au rapprochement qu'il opère, dans la suite, avec le témoignage de Salomon. L'emprunt à Plutarque ouvre ainsi une brèche, d'autant plus anormale qu'elle n'est pas reprise dans la suite de la préface : à nul autre moment, Sorbin ne fait mention de cette explication naturelle des prodiges. Qui plus est, et sans que Sorbin ne l'ait peut-être perçu, ce récit introduit une incohérence dans sa démonstration. En effet, il interprète les monstres comme un désordre de la nature qui reflète la dépravation de nos âmes. En cela les monstres annoncent toujours des malheurs, châtiments de Dieu qui, dans sa

41 Belleforest suit Sorbin dans la structure donnée à l'anecdote puisée chez Plutarque, mais il comble les « manques » du texte qu'il traduit : il développe la description du prodige survenu, indiquant la provenance du bélier et complète l'interprétation du prodige. Il semble vouloir accréditer la lecture que Lampon propose de ce « signe », Sorbin fait preuve de plus de retenue.

bonté, nous prévient[42]. Le bélier apparu chez Périclès est explicitement donné comme un monstre et, par son unique corne, il signale un désordre dans la nature. Or, loin d'annoncer un malheur, il est porteur d'une « bonne nouvelle », l'apaisement des factions de la ville. Sans doute la cause en est-elle que Lampon n'appartient pas à la religion catholique et qu'il ne donne donc pas du fait une interprétation conforme aux desseins de celui qui, pour un chrétien, est le seul Dieu. Mais Sorbin n'en dit rien ; et dans un discours, où les références sont toutes empruntées aux Ecritures saintes[43], cette référence à Plutarque « détonne ». Elle s'offre comme une anomalie et contribue à faire de Plutarque un auteur qui « ouvre » le XVIe siècle, qui permet aux hommes de ce temps, qu'ils en aient conscience ou non, de s'échapper hors des normes, ici de pensée, où on voudrait les enclore.

Dans leur diversité, ces exemples de la réception d'une même anecdote témoignent d'une certaine volonté de la part des humanistes de réduire la part d'anomalie que présente le texte de Plutarque. L'allure digressive qui caractérise le récit de l'historien et philosophe grec s'atténue au profit d'une intégration, voire d'une assimilation, à l'ensemble dans lequel il est replacé. Le travail accompli sur le plan formel par l'insertion de l'anecdote à un ensemble plus vaste semble aller de pair avec, sur le plan des faits relatés, une mise en conformité avec le dogme religieux. Mais nous avons vu l'anecdote s'offrir comme un noyau de résistance à la pensée orthodoxe. Par ses caractéristiques formelles, le récit plutarquien revêt des enjeux philosophiques : l'anomalie textuelle qu'il est et qui en fait une anecdote se répercute sur les faits narrés. L'anecdote permet ainsi de muer l'anormal en anomal[44] ; par là, elle l'accrédite.

---

42 Cette perspective motive le traité de Sorbin, voir la fin de sa préface : *Quis enim ignoret coelum, terram, montes, maria, et omnia quae eorum ambitu continentur admoneri, & quodammodo cogi ad benedictionem et laudem praestandam Deo viventi ? Monstra itaque peccatoribus sua monstrasse crimina, et ulciscendis eorum ulciscendis eorum criminibus parata flagella, immo paratissima, exemplis multis nunc super est confirmare* (« Car, y a-t-il quelqu'un pour ignorer que le ciel, la terre, les montagnes, les mers et tout ce qui est enfermé sous leur orbe, est une invitation, et d'une certaine manière une exhortation, à témoigner à Dieu vivant louange et bénédiction. Il reste donc par des exemples fournis en nombre à confirmer que les monstres ont signifié aux pécheurs leurs crimes et les fouets qui se tiennent prêts, et même tout prêts, à venger ces crimes. », Sorbin, *op. cit.*, r°9-v°10, nous traduisons).

43 On note une seule exception, une référence aux *Métamorphoses* d'Ovide. Elle est cependant compatible avec la démonstration de Sorbin et les textes religieux qu'il convoque.

44 Sur la notion d'anomal et la différence entre ce qui est anomalie et ce qui est anormal, voir G. Canguilhem, *Le Normal et le pathologique*, Paris, PUF, coll. Quadrige, 1972.

Annexe

1. Plutarque, *Vie de Périclès*, texte établi et traduit par R. Flacelière et E. Chambry, Paris, CUF, 1969, [154F-155B]

Λέγεται δέ ποτε κριοῦ μονόκερω κεφαλὴν ἐξ ἀγροῦ τῷ Περικλεῖ κομισθῆναι, καὶ Λάμπωνα μὲν τὸν μάντιν, ὡς εἶδε τὸ κέρας ἰσχυρὸν καὶ στερεὸν ἐκ μέσου τοῦ μετώπου πεφυκός, εἰπεῖν ὅτι δυεῖν οὐσῶν ἐν τῇ πόλει δυναστειῶν, τῆς Θουκυδίδου καὶ Περικλέους, εἰς ἕνα περιστήσεται τὸ κράτος παρ' ᾧ γένοιτο τὸ σημεῖον· τὸν δ' Ἀναξαγόραν τοῦ κρανίου διακοπέντος ἐπιδεῖξαι τὸν ἐγκέφαλον οὐ πεπληρωκότα τὴν βάσιν, ἀλλ' ὀξὺν ὥσπερ ᾠὸν ἐκ τοῦ παντὸς ἀγγείου συνωλισθηκότα κατὰ τὸν τόπον ἐκεῖνον ὅθεν ἡ ῥίζα τοῦ κέρατος εἶχε τὴν ἀρχήν. Καὶ τότε μὲν θαυμασθῆναι τὸν Ἀναξαγόραν ὑπὸ τῶν παρόντων, ὀλίγῳ δ' ὕστερον τὸν Λάμπωνα, τοῦ μὲν Θουκυδίδου καταλυθέντος, τῶν δὲ τοῦ δήμου πραγμάτων ὁμαλῶς ἁπάντων ὑπὸ τῷ Περικλεῖ γενομένων. Ἐκώλυε δ' οὐδέν, οἶμαι, καὶ τὸν φυσικὸν ἐπιτυγχάνειν καὶ τὸν μάντιν, τοῦ μὲν τὴν αἰτίαν, τοῦ δὲ τὸ τέλος καλῶς ἐκλαμβάνοντος· ὑπέκειτο γὰρ τῷ μέν, ἐκ τίνων γέγονε καὶ πῶς πέφυκε, θεωρῆσαι, τῷ δέ, πρὸς τί γέγονε καὶ τί σημαίνει, προειπεῖν. Οἱ δὲ τῆς αἰτίας τὴν εὕρεσιν ἀναίρεσιν εἶναι λέγοντες τοῦ σημείου οὐκ ἐπινοοῦσιν ἅμα τοῖς θείοις καὶ τὰ τεχνητὰ τῶν συμβόλων ἀθετοῦντες, ψόφους τε δίσκων καὶ φῶτα πυρσῶν καὶ γνωμόνων ἀποσκιασμούς· ὧν ἕκαστον αἰτίᾳ τινὶ καὶ κατασκευῇ σημεῖον εἶναί τινος πεποίηται. Ταῦτα μὲν οὖν ἴσως ἑτέρας ἐστὶ πραγματείας.

On dit qu'un jour on apporta à Périclès, de son domaine rural, la tête d'un bélier qui n'avait qu'une corne ; Lampon, le devin, en voyant cette corne qui avait poussé, solide et forte, au milieu du front, déclara que la puissance de deux partis qui divisaient l'État, celui de Thucydide et celui de Périclès, deviendrait celle d'un seul homme, de l'homme chez qui ce présage s'était produit ; mais Anaxagore, dit-on, ayant coupé le crâne en deux, fit voir que la cervelle n'avait pas rempli sa place, et que, pointue comme un œuf, elle avait glissé de toute la boite crânienne vers l'endroit d'où partait la racine de la corne. A ce moment-là, l'admiration des assistants se porta sur Anaxa-

Revenant à l'étymologie des termes, Canguilhem explique que l'anormal, saisi comme une déviance par rapport à un type idéal, suppose un jugement. En revanche, l'anomalie est un écart par rapport à un type moyen, Canguilhem la définit comme une « variation individuelle » par rapport à un « type spécifique ». Elle n'appelle pas de jugement mais demande à être décrite et expliquée.

gore, mais un peu plus tard elle se reporta sur Lampon, lorsque Thucydide fut abattu et que les affaires du peuple passèrent toutes sans exception entre les mains de Périclès. Au reste, rien n'empêche, je pense, le savant et le devin de rencontrer juste tous les deux, en saisissant correctement l'un la cause et l'autre la fin. Car l'un se proposait de découvrir les causes et les modalités du phénomène, l'autre de prédire en vue de quoi il s'était produit et ce qu'il signifiait.

2. Plutarque, *Vies*, trad. De J. Amyot, Paris, Vascosan, 1565, [105I-106A]

Lon dit à ce propos, que lon apporta un jour à Pericles de l'une de ses terres la teste d'un belier qui n'avoit qu'une corne seule, et que le devin Lampon aiant consideré ceste teste qui n'avoit qu'une corne forte et dure au meilieu du front, interpreta que cela vouloit dire, que y aiant deux ligues et deux parts en la ville d'Athenes touchant le gouvernement, celle de Pericles et celle de Thucydides, la puissance des deux seroit toute reduitte en une, et notamment en celle de celui en la maison duquel de signe estoit advenu : mais que Anaxogoras qui se trouva là present, feit fendre le tez en deux, et monstra aux assistans comme le cerveau du belier n'emplissoit pas la capacité de son lieu naturel, ains se resserroit de toutes parts, et alloit aboutissant en pointe comme un œuf, à l'en droit ou la corne prenoit le commencement de sa racine : si en fut Anaxagoras fort estimé sur l'heure par tous les assistans, mais Lampon le fut aussi bien tost après, quand Thucydides fust chassé, et que tous les affaires de la chose publique universellement tumberent entre les mains de Pericles. Aussi n'est-il pas inconvenient, à mon avis, que le philosophe naturel, et le devin aient bien veritablement rencontré tout ensemble, aiant l'un bien pris la cause, et l'autre la fin de cest evenement : car la profession de l'un est de rechercher comment il se fait, et de l'autre pourquoy il se fait, et de sçavoir predire ce qu'il signifie.

3. CARDAN (Girolamo Cardano, dit Jérôme), *De Subtilitate libri XXI*, Norimbergae, ap. J. Petreium, 1550 livre X p. 385-386.

Contingit quandoque nasci arietem cum unico cornu in media fronte, ut in villa Periclis dum ipse rebus Atheniensum praesset. Aruspices pronuntiarunt futuram omnium rerum confusionem, & diminutionem potentiae urbis. Atque id merito : nam duo natura distincta in unum coierant, diminuto numero armorum: idque in ejus villa contigerat, qui urbi praesset. Contigit autem hoc ad unguem : primum quidem gravissimo bello Peloponensi, quod fames, inde pestis saevissima subsequentae sunt, demum etiam servitus. Sed Anaxagoras rem callide texit suasu, credo, Periclis, qui ei erat discipulus, dicens hoc ideo factum, quod cerebri ventres in unum coissent. Dissecto vero animali ita esse ostendit. Sed si ob hoc solum id contigit, decuit suo tempore nasci cornu, non cum aries natus est. Deinde nihil prohibet errorum naturae proprias esse causas, & futuri praesagia. Itaque omnium ut aliarum rerum, sic & philosophiae alterna vicissitudo, ad perniciem scilicet humani generis ac salutem. Quamobrem minus demiror Neronem quandoque Roma expulisse philosophos, ut in Neronis encomium diximus : quorundam enim ob avaritiam non magis est salutaris, quam perniciosa sapientia. Nihilque aliud est philosophia in animo pravo, quam in latronis manibus gladius. Quid enim boni affert Philosophus docēs principes populosque, mundum aeternum esse, mortalem animum, providentiam Dei nullam ? nonne est ac si diceret, Palam fœnerare, adulter esto, sicarius, veneficus, proditor, omnia denique mala peragas, modo clanculum liceat. Ergo aries stultus consuluit recte rebus Atheniensium, duplex sapientia, ducis scilicet atque Philosophi, patriam evertit.

Il arrive parfois que naisse un bélier avec une seule corne au milieu du front, comme ce fut le cas dans la propriété de Périclès pendant qu'il était à la tête des affaires publiques à Athènes. Les Haruspices prédirent la confusion à venir de toutes choses et une diminution du pouvoir de la cité. Et cela, à juste titre. En effet, deux choses naturellement séparées s'étaient réunies en une seule, par une réduction du nombre des armes. Et la chose était arrivée dans la propriété de celui qui était la tête de la cité. Or cette prédiction se réalisa intégralement. D'abord par le très dur conflit du Péloponnèse, qui fut suivie d'une famine, puis d'une peste dévastatrice, enfin de la servitude. Mais Anaxagore couvrit habilement la chose, sur le conseil, je crois, de Périclès qui était son disciple, en disant que le fait s'était produit pour cette raison que les ventricules du cerveau s'étaient rassemblés en un seul. Et par la dissection de l'animal, il montra qu'il en était ainsi. Mais si le fait s'est produit pour cela seul, il aurait convenu que la corne naisse en son temps, et non à la naissance du bélier. Ensuite, rien n'empêche que les causes soient propres aux erreurs de la nature et soient des présages des événements à venir. Ainsi, comme en toutes choses, en philosophie les variations successives concourent assurément à la perte du genre humain et à son salut. C'est pourquoi, je ne m'étonne pas que Néron ait autrefois chassé de Rome les philosophes, comme nous l'avons rapporté dans notre éloge de Néron. En effet, à cause de la cupidité de certains, la sagesse est moins salutaire que pernicieuse. La philosophie dans un esprit dépravé n'est rien d'autre qu'un glaive entre les mains d'un brigand. En effet quel bien apporte un philosophe qui enseigne aux princes et aux peuples que le monde est éternel, que l'âme est mortelle, que la providence divine n'est rien ? n'est-ce pas comme s'il disait : Prête à usure ouvertement, pratique l'adultère, le meurtre, l'empoisonnement, la trahison, accomplis enfin tous les péchés, pourvu qu'il soit permis en cachette. Donc, le stupide bélier pourvut bien aux affaires publiques d'Athènes, mais une double sagesse, à savoir celle du chef et celle du philosophe, renversa la patrie. [C'est nous qui traduisons]

4. Sorbin (Arnauld), *Tracatus de montris*, Paris, *ap.* Jérôme de Marnef *et* Guillaume Cavellat, 1570, v°7-r°8.

Quis ergo sanae mentis poterit non mirari, quod propriis hisce diebus christiane conspexisti oculis : vidisti duorum capitum confusa, et in unum, membris praecipuis distinctis, conglomerata corpora : vidisti inquam, et forte miratus es. Dubium profecto, ne tanta commonitione, semel instructus in majorem multo rapiaris admirationem, ne cordis dicam tremorem. Non deerunt forte Anaxagorae similes, Lamponis praemonitionem eludentes, ut quondam apud Plutarchum accidisse legimus, allato ad Periclem arietis, cum unico cornu nati capite. Is enim divisam dominationem in unum cogendam eo portento, praenunciari dicebat. Anaxagoras argutus physiologus, id vanum, atque futile judicabat. At nihil obstitit, quo minus et philosophus et vates scopum attingerint, alter causam, alter finem recte commentatus. Sic enim impios monstrorum adventu non perturbari ingenue testatur Salomon.

Ainsi, quel homme sain d'esprit pourra ne pas s'étonner, de ce que, ô chrétien, tu as observé ces jours-ci de tes propres yeux ? Tu as vu les corps de deux têtes confondus et mêlés pour ne former qu'un alors que les membres principaux restés disjoints ; tu l'as vu, dis-je, et peut-être t'en es-tu étonné. Je doute fort que tu ne l'aies vu sans grand émoi et que, une fois instruit, tu ne sois la proie d'un étonnement bien plus grand, pour ne pas dire d'un ébranlement de l'âme. Peut-être ne manquera-t-il pas d'imitateurs d'Anaxagore, se moquant des prédictions de Lampon. Nous lisons chez Plutarque que c'est ce qui arriva autrefois quand on eut apporté à Périclès un bélier né avec une seule corne. En effet Lampon disait que par ce présage était annoncé que le pouvoir divisé devait retrouver une unité. Anaxagore, subtil philosophe de la nature, jugeait cette prédiction vaine et futile. Mais rien n'empêcha que, et le philosophe et le devin n'aient atteint le but, interprétant tous deux avec justesse le premier la cause, le second la fin. En effet, Salomon témoigne que les impies ne sont sincèrement pas troublés par la survenue de monstres. [C'est nous qui traduisons]

4 bis. Sorbin (Arnauld, dit de Sainte Foy), *Traité des montres*, trad. F. de Belleforest *in* Boaistuau, *Histoires prodigieuses*, Anvers, G. Jansens, 1594, 12°, p. 634-635.

Qui sera donc l'homme de si peu de sens, jugement, & raison, qui ne s'estonnera que ces jours passez (ô Chrestien, tu as veu de tes propres yeux deux corps joincts & coulez ensemble ayans deux testes et les membres principaux distinguez en ce confus meslange ? Tu l'as veu et peut estre, non sans en recevoir quelque estonnement & merveille. Mais sans doubte, si une fois tu sens en ton ame la force de cest advertissement, tu en seras encores estonné, et ton cœur ne pourra estre sans sentir quelque grand effroy et horreur. Peut estre aussi qu'il y aura quelques imitateurs d'Anaxagore se mocquans de la prognostication de Lampon, ainsi qu'il en est jadis advenu, comme le lisons en Plutarque. Car estant porté à Pericles d'une de ses fermes ung belier n'ayant dés la naissance que une corne au front, Lampon dict que par ce monstre estois, signifié que les factions de la ville seroient appaisées, et que la seigneurie divisée en deux reviendroit à un seul, et à celuy en la maison duquel estoit né ce monstre. Anaxagoras, subtil et curieux rechercheur des causes naturelles, se mocqua de cecy, et affirma le dire de Lampon estre vain et sans nulle efficace : Et toutes fois il n'y eut aucun obstacle qui empeschast, et que la raison du philosophe ne fut vraye, et que la prediction du devin & Augure ne sortit son effect, l'un ayant esgard aux causes naturelles, et l'autre à la fin de quoy elles tendent. De mesme Salomon tesmoigne, que les meschans ne s'esmeuvent aucunement pour monstre quelconque qui puisse naistre.

L'aveugle et la barbe de Montaigne

RICHARD SCHOLAR (Université d'Oxford)

L'anecdote n'est-elle au fond qu'un exemple enrichi de circonstances pittoresques? Rien n'est moins sûr. Il est évident que l'anecdote – si l'on entend par là une particularité historique dont le récit bref, circonstancié, intervient dans un discours – peut jouer divers rôles dans un texte savant. Elle peut servir à ennoblir ou à avilir le personnage à propos duquel on la raconte : tel est souvent son rôle dans l'écriture de l'histoire. Lorsqu'elle est entièrement subordonnée au propos argumentatif d'un texte philosophique ou scientifique, c'est-à-dire qu'elle ne sert qu'à confirmer ou à éclaircir un thème précis par le détour d'une historiette, on peut dire que l'anecdote se confond avec l'exemple (si l'on entend par celui-ci un cas que l'on cite à l'appui d'un concept ou d'une thèse). Dans ces conditions, l'anecdote n'intervient dans le texte que pour faire passer la pilule de l'argumentation savante en y ajoutant les plaisirs circonstanciels du récit, à la fois fruit d'une rhétorique de la variété et source d'une nouvelle clarté démonstrative. Cependant, tel n'est pas toujours le rôle de l'anecdote, car celle-ci peut créer ce que l'on pourrait appeller une « opacité » à l'intérieur du texte lorsqu'elle y fait intervenir quelque chose – une expérience vécue, un point de vue – dont le discours savant n'arrive pas à rendre compte. Nous avons alors affaire, en quelque sorte, à la revanche de l'anecdote sur la « science » qui l'entoure. C'est une revanche qui enrichit le texte, elle aussi, en contribuant au principe de la varietas, mais cette fois-ci c'est une variété qui est non seulement rhétorique mais aussi philosophique, dans la mesure où elle rend nécessaire la création de nouveaux concepts.

L'anecdote à laquelle nous nous intéresserons ici apparaît dans le chapitre de Montaigne que l'on considère le plus volontiers comme l'exposition d'un savoir philosophique. Il s'agit, bien sûr, du chapitre le plus long des *Essais*, l'« Apologie de Raimond Sebond », connu surtout pour la présentation du scepticisme pyrrhonien en langue française que Montaigne y propose à un lectorat élargi[1]. C'est au milieu de cette présentation qu'apparaît

1 Parmi les nombreuses évaluations de la place de Montaigne dans l'histoire de la pensée pyrrhonienne, voir Richard H. Popkin, *The History of Scepticism from Erasmus to Spinoza*, Berkeley, CA, University of California Press, 1979; André Tournon, *Montaigne: la glose et l'essai*, Lyon, Presses Universitaires de Lyon, 1983; Frédéric Brahami, *Le Scep-*

l'anecdote en question. Ce récit bref, dans lequel Montaigne évoque comment vivait un gentilhomme aveugle de sa connaissance, apparaît d'abord comme le simple prolongement d'un exemple pyrrhonien traditionnel. Mais, comme nous le verrons, c'est un prolongement qui perturbe l'argument philosophique que propose le texte. Ainsi l'aveugle apparaît-il comme l'un de ces « personnages conceptuels » qui, selon Gilles Deleuze et Félix Guattari, stimulent la création de concepts philosophiques[2]. Pour Deleuze et Guattari, les philosophes pensent en « devenant » les personnages conceptuels qui les hantent. Platon devient Socrate, comme Descartes devient l'idiot, Hume le joueur de backgammon, et Nietzsche Dionysos : « c'est le destin du philosophe de devenir son ou ses personnages conceptuels[3] ». Bien qu'il soit absent de la liste que dressent Deleuze et Guattari, Montaigne n'échappe pas à la règle et il façonne sa pensée à mesure qu'il devient l'aveugle dont il raconte le vécu dans toute son opacité et toutes ses circonstances.

L'idée même d'ériger un aveugle en exemple trouve son origine au début des *Hypotyposes* de Sextus Empiricus, présentation de la pensée pyrrhonienne antique compilée au deuxième siècle de notre ère et traduite pour la première fois en latin par Henri Etienne en 1562. Dans ce texte, auquel Montaigne doit beaucoup dans l'« Apologie », Sextus dresse la liste des dix modes d'argumentation qui permettent aux pyrrhoniens d'atteindre à la suspension de leur jugement, attitude qui les mène à la tranquillité d'esprit et qui leur permet de continuer, en même temps, à chercher la vérité. Le troisième mode pyrrhonien consiste à dire que non seulement nos sens sont en contradiction les uns avec les autres, mais qu'il est aussi fort probable qu'il y ait, dans les choses mêmes, davantage de qualités que nous ne pouvons en percevoir. À titre d'illustration, Sextus nous invite à « imaginer » (*imaginemur*) un homme privé de la vue et de l'ouïe dès la naissance:

> Imaginemur aliquem qui a nativitate tactum quidem habeat et olfactum et gustum, auditu autem et visu careat: hic putabit omnino nihil esse quodvisu, nihil quod auditu percipi possit, sed tres solas esse eas qualitates quas percipere potest. Igitur fieri potest ut quam quinque tantum sensibus praediti simus, ex qualitatibus quae malo insunt, eas solas percipiamus quarum perceptivam facultatem habemus: interim tamen subiectae sint aliae quae sub alia sensus instrumenta cadant, quae quidem nos non habeamus[4].

---

ticisme de Montaigne, Paris, PUF, 1997; Terence Cave, *Pré-histoires: textes troublés au seuil de la modernité*, Genève, Droz, 1999, pp. 23-51.

2 Gilles Deleuze et Félix Guattari, *Qu'est-ce que la philosophie?*, Paris, Minuit, 1991, pp. 60-71. Voir également à ce sujet la belle anthologie de Guillaume Pigeard de Gurbert, *Si la philosophie m'était contée, de Platon à Gilles Deleuze*, Paris, Librio, 2000.

3 Deleuze et Guattari, *Qu'est-ce que la philosophie?*, *op. cit.*, pp. 62-63.

4 *Sexti Philosophi Pyrrhoniarum Hypotyposeωn libri iii*, trans. Henri Estienne, Paris, 1562, p. 31 (I, 96).

> [Imaginons-nous qu'un homme n'a depuis sa naissance que le toucher, l'odorat et le goût, et qu'il est privé de l'ouïe et de la vue. Cet homme-là croira qu'il n'y a rien qui puisse être aperçu par la vue et par l'ouïe, et qu'il n'y a que les trois sortes de qualités qu'il aperçoit par ses trois sens. Il peut donc arriver que comme nous n'avons que cinq sens, nous n'apercevons de plusieurs qualités qui sont réellement dans la pomme, que celles que nos sens nous permettent d'y apercevoir, et que plusieurs autres qualités de cette pomme pourraient tomber sous d'autres organes des sens, que nous n'avons pas[5].]

Cet homme pensera naturellement qu'il n'existe pas dans la pomme d'autres qualités que les trois qu'il perçoit. Nous ne pouvons pas exclure l'hypothèse que nous soyons dans la même situation. Il est en effet tout à fait possible qu'il y ait dans la pomme d'autres qualités qui affectent d'autres organes sensoriels que les cinq que nous possédons et que nous serions donc incapables de percevoir. Il va de soi que nous n'avons aucun moyen d'éprouver cette proposition, qui reste une simple hypothèse, une manière de susciter la suspension du jugement qui caractérise la pensée pyrrhonienne[6].

Montaigne, en prenant à son compte cet argument, prolonge l'exemple de l'homme aveugle et sourd de naissance et l'imagine de façon à lui donner une véritable vie posthume. D'autres modernes l'ont suivi dans cette voie, comme Kate Tunstall l'a brillamment montré dans une série d'ouvrages qui ont pour but de tracer une pré-histoire littéraire et philosophique de « l'aveugle-né du Puiseaux » auquel Diderot consacre une partie de sa *Lettre sur les aveugles*. De Sextus Empiricus à Montaigne, puis La Mothe Le Vayer, Gassendi, enfin Locke et sa discussion du fameux « Problème » de Molyneux au temps des Lumières, cette pré-histoire complexe permet d'établir les liens de parenté qui existent entre toute une famille d'aveugles, réels, imaginaires, et parfois les deux à la fois. Pour Kate Tunstall, l'anecdote de Montaigne constitue bien un intertexte capital pour Diderot, qui l'amplifie en apportant une solution toute sienne au Problème de Molyneux[7].

L'auteur de l'« Apologie », quant à lui, est par moments visiblement fasciné par la démarche des pyrrhoniens. C'est ce qui permet de comprendre

5 Sextus Empiricus, *Esquisses pyrhonniennes*, trad. et éd. Pierre Pellegrin, Paris, Seuil, 1997, pp. 108-109.

6 Sextus Empiricus, *Hypotyposeωn, op. cit.*, p. 31 (I, 96).

7 Kate E. Tunstall, « L'aveugle qui suit l'aveugle qui suit l'aveugle qui suit l'aveugle: la philosophie intertextuelle de la *Lettre sur les aveugles* », *in L'Aveugle et le philosophe ou Comment la cécité donne à penser*, sous la direction de Marion Chottin, Paris, Publications de la Sorbonne, 2009, pp. 63-82 ; « Pré-histoire d'un emblème des Lumières: l'aveugle-né de Montaigne à Diderot », *in Les Lumières en mouvement: la circulation des idées au XVIIIe siècle*, sous la direction d'Isabelle Moreau, Lyon, ENS éditions, 2009, pp. 159-172 ; *Blindness and Enlightenment: An Essay*, New York et Londres, Continuum, 2011, pp. 53-58.

pourquoi Pascal a jugé bon de qualifier Montaigne de « pur pyrrhonien » et de placer le principe pyrrhonien de l'incertitude radicale au cœur de l'ensemble des *Essais* : « sur ce principe », dit Pascal de Montaigne dans l'*Entretien avec Sacy*, « roulent tous ses discours et tous ses essais[8]. » Il faut pourtant rester prudent face à l'interprétation de Pascal. Le pyrrhonisme n'est pas, d'abord, le seul cadre conceptuel que Montaigne utilise pour critiquer la prétention de l'homme à la connaissance. Il ne représente guère pour lui, ensuite, une « position » philosophique qu'il adopterait et sur les « principes » de laquelle il s'appuierait de manière systématique. Nous rejoignons ici l'analyse de Terence Cave*:* « Les commentateurs du seizième siècle présentent cette philosophie anti-dogmatique comme quelque chose d'étrange, de comique même [...] Imaginer le scepticisme, c'est imaginer une sorte de folie, ou encore une utopie, [...] obligeant le lecteur à faire des manœuvres acrobatiques et souvent déconcertantes[9]. » Le pyrrhonisme n'est pas, pour Montaigne, une philosophie comme une autre à laquelle on pourrait adhérer de façon pure et dure. Et puis il est facile de repérer dans la façon dont Montaigne « imagine » le pyrrhonisme des indices non seulement de fascination mais aussi d'ambivalence devant une manière de penser qui risque de tout emporter dans une incertitude radicale et ainsi de perdre de vue les richesses et les ambiguités – bref, l'opacité – de l'expérience.

Cette ambivalence s'exprime entre autres à travers le personnage de l'aveugle tel que Montaigne le présente dans les dernières pages de l'« Apologie ». D'abord une figure exemplaire destinée à illustrer un argument philosophique, l'aveugle se transforme par la suite en une personne de chair et de sang, dont Montaigne raconte l'expérience de manière anecdotique et empathique.

Montaigne commence par reprendre à son compte l'hypothèse des pyrrhoniens – « je mets en doute que l'homme soit pourveu de tous sens naturels » – avant de porter à son comble l'exemple pyrrhonien de l'aveugle-né :

> Il est impossible de faire concevoir à un homme naturellement aveugle qu'il n'y void pas, impossible de luy faire desirer la veue et regretter son defaut. Parquoy nous ne devons prendre aucune asseurance de ce que nostre ame est contente et satisfaicte de ceux que nous avons, veu qu'elle n'a pas dequoy sentir en cela sa maladie et son imperfection, si elle y est. Il est impossible de dire chose à cet aveugle, par discours, argument ny similitude, qui loge en son imagination aucune apprehension de lumiere, de couleur et de veue. Il n'y a rien plus arriere qui puisse pousser le sens en evidence. Les aveugles nais, qu'on void desirer à y voir, ce n'est pas pour entendre ce qu'ils demandent: ils ont appris de nous qu'ils ont à dire quelque chose, qu'ils ont quelque chose à desirer, qui est en nous, [*c*] la quelle ils nomment bien, et ses effects et consequences; [*a*] mais ils ne

8 Blaise Pascal, *Entretien avec Sacy sur la philosophie*, Arles, Actes Sud, 2003, p. 30.
9 Cave, *Pré-histoires*, *op. cit.*, p. 25.

> sçavent pourtant pas que c'est, ny ne l'aprehendent ny pres ny loin. J'ay veu un gentil-homme de bonne maison, aveugle nay, aumoins aveugle de tel aage qu'il ne sçait que c'est que de veuë : il entend si peu ce qui luy manque, qu'il use et se sert comme nous des paroles propres au voir, et les applique d'une mode toute sienne et particuliere. On luy presentoit un enfant du quel il estoit parrain; l'ayant pris entre ses bras : Mon Dieu, dict-il, le bel enfant ! qu'il le faict beau voir ! qu'il a le visage guay ! Il dira comme l'un d'entre nous : Cette sale a une belle veue : il faict clair, il faict beau soleil. Il y a plus : car, par ce que ce sont nos exercices que la chasse, la paume, la bute, et qu'il l'a ouy dire, il s'y affectionne et s'y embesoigne, et croid y avoir la mesme part que nous y avons ; il s'y picque et s'y plaist, et ne les reçoit pourtant que par les oreilles. On luy crie que voylà un liévre, quand on est en quelque belle splanade où il puisse picquer ; et puis on luy dict encore que voylà un lievre pris : le voylà aussi fier de sa prise, comme il oit dire aux autres qu'ils le sont. L'esteuf, il le prend à la main gauche et le pousse à tout sa raquette ; de la harquebouse, il en tire à l'adventure, et se paye de ce que ses gens luy disent qu'il est ou haut ou costié. Que sçait-on si le genre humain faict une sottise pareille, à faute de quelque sens, et que par ce defaut la plus part du visage des choses nous soit caché ?[10]

On aura remarqué que le sourd et aveugle de Sextus a recouvré l'usage de l'ouïe chez Montaigne. Après tout, il suffit, pour les besoins de la démonstration, qu'il manque au personnage un seul de ses cinq sens… Montaigne paraît d'abord troublé par une objection possible, à savoir que les aveugles-nés semblent, si l'on en croit les désirs qu'ils expriment, capables dc concevoir qu'il leur manque quelque chose que l'on appelle la vue. Pour répondre à sa propre objection, il examine le statut qu'ils accordent à ce « quelque chose » : « les aveugles nais […] ont appris de nous qu'ils ont à dire quelque chose, qu'ils ont quelque chose à desirer, qui est en nous, [*c*] la quelle ils nomment bien, et ses effects et consequences; [*a*] mais ils ne sçavent pourtant pas que c'est, ny ne l'aprehendent ny pres ny loin. »

Le passage qui suit décrit l'expérience d'un aveugle en particulier. L'argument cède la place à l'anecdote et le recours à l'un des modes d'argumentation des pyrrhoniens s'efface devant le récit d'une histoire dont l'auteur fut le témoin: « j'ay veu un gentil-homme de bonne maison, aveugle nay, aumoins aveugle de tel aage qu'il ne sçait que c'est que veuë. » Il remarque que cet aveugle parle un langage de la vue qui lui est propre et donne à lire une série d'exemples détaillés. Il rapporte notamment la tendresse de l'aveugle pour son filleul: « mon Dieu, dict-il, le bel enfant ! qu'il le fait beau voir ! qu'il a le visage guay ! » Si l'aveugle laisse entendre tout le plaisir qu'éprouverait n'importe quel parrain à la vue de son jeune et beau fil-

10 Montaigne, *Les Essais*, 3 vols, éd. Pierre Villey et V.-L. Saulnier, Paris, PUF, 1992, vol. II, ch. 12, p. 589. Les renvois aux *Essais* sont complétés, au besoin, par les lettres *a*, *b*, *c*, pour distinguer respectivement l'édition de 1580-1582, celle de 1588, et les ajouts de Montaigne à l'édition de 1588 sur l'exemplaire dit « de Bordeaux ».

leul, la prunelle de ses yeux, il le dit toutefois sans avoir jamais vu son filleul. Ce gentil-homme est également passionné de chasse, de tennis[11], de tir, autant d'activités qui sembleraient dépourvues de sens pour un aveugle. Montaigne décrit en détails tout le plaisir que l'aveugle ne laisse pas d'y prendre: « l'esteuf, il le prend à la main gauche et le pousse à tout sa raquette; de la harquebouse, il en tire à l'adventure, et se paye de ce que ses gens luy disent qu'il est ou haut ou costié. »

L'anecdote s'arrête là pour céder la place de nouveau à l'argument pyrrhonien qui l'avait précédée. C'est-à-dire que Montaigne se demande si la communauté des voyants ne serait pas, elle aussi, aveugle en quelque manière : « que sçait-on si le genre humain faict une sottise pareille, à faute de quelque sens, et que par ce defaut la plus part du visage des choses nous soit caché? » Il n'est pas exclu que « nous », les voyants, soyons « aveugles » à certaines des forces qui gouvernent le monde et dont nous ressentons les effets sans pouvoir remonter jusqu'à leurs causes. De fait, pour parler avec Montaigne, que sait-on si la pomme, que nous appréhendons grâce à la quasi-totalité de nos sens, ne possède pas d'autres qualités que nous ne pouvons percevoir? « Que sçait-on, dit-il plus loin, si les difficultez que nous trouvons en plusieurs ouvrages de nature viennent de là? » Ainsi l'argument pyrrhonien qui avait précédé notre anecdote reprend-il de plus belle sous forme d'une série de questions gouvernées par la formule « que sçait-on si ».

Revenons à nos aveugles. Nous avons vu que Montaigne introduit d'abord un homme privé de la vue, qui, comme son homologue aveugle et sourd dans les *Hypotyposes*, n'existe que dans l'espace d'un exemple (fictif, en l'occurrence). Il en va de même ensuite pour les « aveugles nais » au pluriel que Montaigne dit avoir appris de « nous » qu'il leur manque ce que nous appelons la vue. Même s'il met en scène une conversation entre nous autres voyants et ces aveugles, au singulier comme au pluriel, cette mise en scène n'est qu'un moyen pour illustrer un argument pyrrhonien sur la faiblesse de la connaissance humaine. Cependant, lorsque Montaigne se met à nous parler de ce gentil-homme de bonne maison, aveugle nay, qu'il a vu, tout change : comme Kate Tunstall le dit bien, l'aveugle n'est plus alors « un signe muet que seul un philosophe saurait faire parler – mais un homme avec un point de vue et une voix à lui[12] ».

Comment comprendre ce changement? Il est vrai que les privations sensorielles que subit ce gentilhomme aveugle restent prêtes, une fois l'anecdote

11 En 1611, Cotgrave emploie le terme anglais *tennis* pour traduire *paulme*, le jeu dont il s'agit ici.

12 Tunstall, « L'aveugle qui suit l'aveugle qui suit l'aveugle qui suit l'aveugle », *op. cit.*, p. 73.

finie, à illustrer l'hypothèse philosophique selon laquelle être humain c'est toujours être, au sens figuré, aveugle. C'est pourquoi il serait toujours possible de considérer l'anecdote du gentilhomme comme n'étant rien d'autre qu'un exemple enrichi de circonstances pittoresques. Cela reviendrait pourtant à négliger la façon dont ces circonstances compliquent, perturbent l'argument pyrrhonien qui les entoure. L'exemple de l'aveugle se mue en une véritable anecdote au moment où elle excède dans ses circonstances sa fonction d'illustration argumentative. Il n'est, par exemple, pas nécessaire à notre compréhension du propos de Montaigne d'entendre l'aveugle prodiguer des compliments sur la bonne mine de son filleul ou de savoir que l'aveugle prend la balle de tennis de la main *gauche*. Parce que l'anecdote dépasse ainsi le cadre de la simple illustration, le lecteur en vient à se demander si Montaigne n'a pas au fond décidé d'introduire le thème de la perception sensorielle pour faire le récit de sa rencontre avec l'aveugle, et pour en faire l'éloge paradoxal. Car Montaigne raconte non seulement les privations de cet homme mais aussi son art de vivre avec la cécité, les plaisirs qu'il éprouve, les façons qu'il trouve de les communiquer aux autres. C'est un homme dont on peut facilement moquer la « sottise », certes, mais qui parmi nous est à l'abri du ridicule? Et lequel, d'entre nous, sait vivre sa vie plus pleinement que cet homme? Le récit circonstancié que propose Montaigne transmet quelque chose – l'expérience vécue de l'aveugle, son point de vue, ses paroles – dont le discours pyrrhonien ambiant n'arrive pas à rendre compte et qui le laisse du coup incomplet, perturbé.

Comment donc comprendre cette perturbation? Non pas comme l'adoption de quelque nouvel argument philosophique, contraire à celui qui précédait l'anecdote, mais plutôt comme une façon d'« imaginer » le scepticisme : comme l'enregistrement d'une turbulence affective, d'une empathie, qui accompagne le récit d'une expérience autre – celle de l'aveugle que Montaigne a connu.

Mais qui fut cet homme? À en juger par l'annotation marginale de Florimond de Raemond, ami de Montaigne et son successeur au Parlement de Bordeaux, il s'agit de Louis VI de Rohan, prince de Guéméné, né au château de Guéméné, près de Vannes, le 3 avril 1540. Le *Dictionnaire de la noblesse* de La Chenaye-Desbois et Badier dit de ce gentilhomme qu'il « perdit la vue dès l'âge de cinq ans [...] La nature le dédommagea par les plus heureuses dispositions et par les talents les plus extraordinaires[13] ». Il fit carrière sous

13 *Dictionnaire de la noblesse*, par de la Chenaye-Desbois et Badier, 3e édition, 19 vols, Paris, Schlesinger frères, 1863-1877, vol. 17, p. 504; cité *in* Pierre Bonnet, « Une nouvelle série d'annotations de Florimond de Raemond aux *Essais* de Montaigne », *Bulletin de la Société des Amis de Montaigne*, 10, 1959, pp. 10-23. Voir également Jucquel Rou-

divers rois de France ; Charles IX le fit chevalier de l'ordre de Saint-Michel en 1564 et érigea six ans plus tard sa terre de Guéméné en principauté ; Henri IV, dont il fut très tôt un des partisans et dans l'entourage de qui Montaigne a pu le rencontrer dans les années 1570, finit par le nommer en 1604 Grand Sénéchal d'Anjou et de la Flèche. Il mourut le 4 mai 1611.

Louis de Rohan a fourni aux écrivains de son temps la matière de deux anecdotes et d'un exemple. Ambroise Paré en 1575 cite la cécité de cet homme comme un exemple de ce que peut faire la petite vérole lorsqu'elle atteint les yeux : « aucuns en ont du tout perdu la veuë, ainsi qu'a fait le Seigneur de Guymenay, et une infinité d'autres[14] ». Paré vient de relater, quelques lignes auparavant, une « histoire de la petite vérole » afin d'en donner à ses lecteurs ce qu'il appelle lui-même « un notable exemple[15] ». Le cas de Louis de Rohan constitue pour Paré un nouvel exemple que l'auteur cite à l'appui de son diagnostic des causes et des effets de cette maladie.

Deux écrivains de la même époque transforment ensuite le cas de Louis de Rohan en anecdote. Mais c'est chacun à sa façon. Il faut ajouter à l'anecdote de Montaigne, publiée pour la première fois en 1580, celle que Brantôme rapporte après 1604 dans son *Discours sur les colonels de l'infanterie de France*. Cette anecdote ne concerne qu'indirectement Louis de Rohan. Elle a pour but principal de montrer, à propos d'un certain M. de Randan, qu'on peut bien être à la fois homme de guerre et galant homme : raconter une anecdote, ici, c'est donc surtout faire l'éloge d'un personnage historique. Ce M. de Randan, dit Brantôme, « estoit beau, de bonne grace et bien venu parmy les Dames, avoit la voix tres-belle, jouoit bien des instruments et surtout du luth et de la guiterne, rencontroit tres-bien en tout ses discours et ses motz, mieux que Seigneur de la Court ». Et Brantôme de raconter :

> Entre cent mille bons motz que ledict Seigneur de Randan a dict, fut un qu'ainsi qu'il rencontra un jour un Trompette qui estoit à Monsieur de Guimenay, tres-grand Sieur de Bretaigne et d'Anjou, lequel dict Seigneur estoit aveugle dès son berceau à cause de la petite verolle, Monsieur de Randan luy demanda: « A qui estez-vous Trompette? » – « Je suis à Monsieur de Guimenay », respondit l'autre; à quoy replicqua Monsieur de

geart, *Oeuvres completes (1578)*, éd. Catherine Magnien-Simonin, Genève, Droz, 1988, pp. 97-102. Je remercie Kate Tunstall de m'avoir fourni cette dernière référence.

14 Nous citons ce texte d'après l'édition de 1641 des *Œuvres d'Ambroise Paré, conseiller et premier chirurgien du roy*, Lyon, Claude Prost, livre 20, chapitre 1, p. 469.

15 Paré, *Œuvres*, *op. cit.*, livre 20, chapitre 1, p. 468.

Randan : « Je n'avois jamais ouy dire qu'un aveugle eust de Trompette, ouy bien une vielle : voylà donc le premier du monde[16] ».

Randan semblerait jouer ici sur le double sens du mot *trompette*, qui désigne non seulement un des cuivres employés dans l'orchestre mais également le pavillon que les sourds se mettent dans l'oreille, instrument pour entendre comme pour jouer[17]. Son bon mot consisterait donc *grosso modo* à dire devant Louis de Rohan: « Un aveugle, pourquoi aurait-il besoin de l'instrument d'un sourd, alors qu'il entend très bien la vielle? » – La « vielle » étant bien sûr, comme Robert Estienne le dit dans son dictionnaire de 1549, « de quoy jouent communément les aveugles »... Tout ceci semble ironiser à l'égard de tous les aveugles d'une manière qu'il est difficile de trouver galante, quoi qu'en dise Brantôme. Le contraste est frappant entre l'anecdote de Brantôme, qui montre un dédain presque insouciant pour les aveugles, et celle, empathique, de Montaigne.

L'argument pyrrhonien qui est proposé dans les pages de l'« Apologie » introduit l'aveugle comme une figure qui incarne la faiblesse de toute connaissance humaine. L'anecdote que Montaigne raconte ensuite contient en filigrane un éloge paradoxal de l'aveugle qui sait vivre avec la cécité. Devrions-nous donc trancher entre l'argument et l'anecdote? Il faut à mon avis reconnaître que les deux – l'argument pyrrhonien et l'anecdote qui en transforme la perspective – coexistent irréductiblement dans l'espace expérimental, varié, du texte montaignien. C'est ce que nous avons essayé de montrer en 2005 en appliquant à Montaigne une idée que Tony Nuttall avait formulée à propos de Shakespeare[18]. Nuttall rappelait que les philosophes nominalistes, obéissant à l'austère injonction connue sous le nom de « rasoir d'Occam », affirment que les multiples ne doivent pas être utilisés sans nécessité. Mais, disait-il, Shakespeare avait choisi une forme d'activité intellectuelle qui ne l'obligeait pas à penser avec une telle parcimonie : « il nous arrive parfois de vouloir élargir l'idée qu'on se fait de la variété possible de la chose humaine [...] Shakespeare nous enseigne cette leçon [de variété]. On peut donc com-

16 Brantôme, *Discours sur les colonels de l'infanterie de France*, éd. Étienne Vaucheret, Paris et Montréal, J. Vrin et Cosmos, 1973, p. 144.

17 Je remercie Frédérique Aït-Touati de ses précisions sur ce point.

18 Voir notre étude *The* Je-Ne-Sais-Quoi *in Early Modern Europe: Encounters with a Certain Something*, Oxford, Oxford University Press, 2005, pp. 236-249 ; dans sa version française, *Le Je-ne-sais-quoi: enquête sur une énigme*, traduit par Thomas Constantinesco, Paris, PUF, 2010, pp. 167-177.

parer son œuvre à la barbe d'Occam, dorée, luxuriante, et qui reste, par bonheur, rebelle face au fameux rasoir[19]. »

La même comparaison me semble tout aussi bien s'appliquer à l'écriture de Montaigne en général et à sa manière de présenter l'aveugle en particulier. Car Montaigne multiplie les points de vue possibles sur la cécité à force de faire surgir dans son texte une anecdote dont les circonstances ne se laissent pas réduire au statut d'un exemple. Nous voulons dire par là ni que ces circonstances anecdotiques sont des « violations » de la loi nominaliste, comme si cette loi devait réellement gouverner l'écriture de Montaigne, ni que ces circonstances sont susceptibles d'être simplement éliminées par le rasoir d'Occam[20]. Disons plutôt que l'« Apologie » se révèle comme autrement plus variée qu'un texte purement scientifique ou philosophique, censé obéir au principe de la parcimonie dans ses démonstrations, et que l'anecdote du gentilhomme aveugle fournit une occasion de plus où le fameux rasoir s'émousse, si l'on peut dire, au contact de la barbe de Montaigne.

19 A. D. Nuttall, *A New Mimesis: Shakespeare and the Representation of Reality*, Londres et New York, Methuen, 1983, p. 181 (nous traduisons).

20 *Cf.* Kate Tunstall, « The Judgement of Experience », *op. cit.*, p. 411.

Le *Sylva Sylvarum* de Bacon, un recueil d'anecdotes?

ALEXIS TADIE (VALE-Université de Paris-Sorbonne – Institut Universitaire de France)

La vie de Bacon, homme de science, pourrait se résumer à une anecdote, fort célèbre. Dans ses *Vies brèves*, John Aubrey raconte la mort du philosophe telle que la rapporte Thomas Hobbes qui fut son secrétaire éphémère[1]. Lors d'une promenade par un chemin enneigé, Bacon aurait eu l'idée de tester une hypothèse, pour savoir si le froid conserve aussi bien que le sel. Il acquiert non loin de là une poule, et la farcit de neige avec l'aide de la femme qui la lui a vendue. La neige a pour effet de transir le philosophe, et il tombe rapidement fort malade. Il est transporté chez le duc d'Arundel où on le met dans un lit dans lequel personne n'avait couché depuis une année, ce qui le rend si malade qu'il en meurt en trois jours. Comme Pline, Bacon meurt de curiosité scientifique.

La fin de Francis Bacon se lit généralement au travers de ce récit d'Aubrey, qui lui confère autorité et, disons-le nettement, un caractère romanesque. Bacon, personnage de légende, est mort en se livrant à des expériences sur le froid. Probablement inexact dans les faits, ce récit met en scène un philosophe-expérimentateur, prompt à saisir l'occasion d'une nouvelle investigation. Il attribue à Bacon une fin au service de la science, et conserve l'esprit du personnage. On pense généralement que le philosophe n'est pas mort de froid, mais plutôt d'une surdose cumulée de nitrates et d'opiacés, qu'il consommait précisément à des fins expérimentales[2]. Bacon meurt, non pas suite à une étude spectaculaire et spontanée sur la conservation des poulets, mais par accumulation des expériences réalisées avant tout sur lui-même.

1 Composé à la fin du XVIIe siècle, ce recueil de courtes biographies n'a été publié pour la première fois qu'au XIXe siècle, en 1813 sous forme abrégée, puis sous forme plus complète en 1898 : John Aubrey, *Brief Lives, Chiefly of Contemporaries, edited from the author's manuscripts by Andrew Clark*, Oxford, Clarendon Press, 1898.

2 Voir Lisa Jardine et Alan Stewart, *Hostage to Fortune : the Troubled Life of Francis Bacon 1561-1626*, New York, Hill and Wang, 1999, p. 508 ; les auteurs citent une lettre de Bacon : il s'excuse de la dicter, car il ne sent plus ses doigts et ne peut tenir une plume ; c'est là le signe certain d'une pathologie entraînée par l'ingestion de tous ces produits.

Cette anecdote pourrait en quelque sorte résumer la vie et la carrière du philosophe. La lecture de nombre de ses textes renforce l'image d'un expérimentateur prêt à poursuivre ses recherches, au prix de sa propre personne. Dans le *Sylva Sylvarum* en particulier, qui présente les apparences d'un recueil d'expériences, on peut suivre derrière les exemples proposés par Bacon des remèdes qu'il a testés à l'occasion. Même s'il se fait souvent l'écho d'expériences réalisées par d'autres, on le voit proposer par exemple des soins contre la goutte, qu'il dit avoir essayés avec succès[3], on l'observe analyser les changements dans les goûts des plantes, la seule vérification possible étant de les consommer[4]. En nombre d'endroits du texte, on comprend que les expériences décrites ont été, en partie du moins, construites par Bacon sur lui-même.

Le *Sylva Sylvarum* tout entier, recueil de dix fois cent courts récits d'expériences, pourrait se lire comme une succession d'anecdotes, matière brute livrée au lecteur pour qu'il y retrouve des indications sur des expériences passées, des instructions pour réaliser d'autres expériences, ou encore une ébauche d'histoires naturelles à venir. Dans cette présentation du *Sylva Sylvarum*, qui a longtemps prévalu, le recueil tout entier fonctionnerait comme un livre de lieux communs[5], où seraient enregistrés des épisodes ex-

3 « Je me suis assuré par moi-même, par l'expérience, en faisant usage de certain remède pour la goutte ; remède qui a rarement trompé mon attente, et qui, à chaque épreuve, l'a enlevée en vingt-quatre heures » (« I have tried (myself) a remedy for the gout, which hath seldom failed, but driven it away in twenty-four hours' space »), Francis Bacon, *Sylva Sylvarum : or a Natural History, in ten centuries*, [1627] *in Collected Works of Francis Bacon*, ed. J. Spedding, R.E. Ellis et D.D. Heath, rptd. London, Routledge and Thoemme Press, volume II, p. 365, § 60. Traduction française : *Sylva Sylvarum*, dans *Oeuvres* de François Bacon, traduites par Antoine de Lasalle, Dijon, 1799-1802, vol. 7, p. 183. La traduction du *Sylva Sylvarum* couvre les volumes 7, 8 et 9 des œuvres complètes. Toutes les références sont à cette traduction.

4 « Si cette double règle sur laquelle nous fondons toutes nos explications, étoit justifiée par l'expérience, on pourroit en faire d'utiles applications, pour donner aux fruits et aux plantes comestibles une saveur plus agréable, ou aux fleurs une odeur plus suave. Par exemple : s'il est vrai que le figuier, planté parmi des pieds de rue, augmente la force et l'amertume de cette plante, comme le pensoient les anciens, réciproquement des pieds de rue, plantés autour d'un figuier, donneroient à son fruit une saveur plus douce. [...] Ainsi, ce sont les saveurs de ce genre qu'il faut d'abord tâcher de corriger, et tel est le principal objet des expériences suivantes » (*SS*, p. 236, vol. 9, § 483sq) ; (« This observation, if it holdeth, (as it is very probable,) is of great use for the meliorating of taste in fruits and esculent herbs, and of the scent of flowers. For I do not doubt, but if the fig-tree do make the rue more strong and bitter (as the ancients have noted), good store of rue planted about the fig-tree will make the fig more sweet. [...] It were good therefore to make the trials following » *SS*, p. 495sq, § 483sq).

5 Voir par exemple Richard Yeo, « Ephraim Chambers's *Cyclopædia* (1728) and the Tradition of Commonplaces », *Journal of the History of Ideas* (1996) 57(1): 157-75 ; et Ann

périmentaux, des anecdotes, donc, qui pourraient éventuellement servir plus avant. Se poserait alors la question de savoir où commence et où finit l'anecdote – non seulement quelle est sa fonction rhétorique, mais quelle est sa spécificité argumentative. La réponse à cette question est en même temps inséparable d'une interrogation plus large sur la place de l'anecdote dans la structure argumentative de *Sylva Sylvarum*.

Le *Sylva Sylvarum* et la place de l'anecdote

On sait l'importance de l'expérience pour Bacon dans la construction de la philosophie naturelle. Le philosophe souligne en effet l'alternative qui s'offre face à l'exigence de recherche de la vérité. La voie toujours empruntée consiste à abstraire, à partir du sensible, des propositions générales, qui deviennent à leur tour vérités inébranlables, et permettent de générer les axiomes moyens. Cependant, selon Bacon, l'argumentation et le discours ne peuvent en aucun cas permettre de comprendre la subtilité de la nature. En outre, le nombre restreint d'expériences sur lesquelles s'appuie cette voie pour tenter de parvenir à la vérité, l'invalide d'entrée. La démarche que défend Bacon, au contraire, « dégage les axiomes à partir des sens et du particulier, en s'élevant de façon continue et graduelle pour parvenir enfin au plus général »[6]. Plus précisément, Bacon souligne le rôle de l'expérience dans la recherche des axiomes : « Les directives pour l'interprétation de la nature se répartissent en deux genres : le premier qui traite de l'extraction et du dégagement des axiomes à partir de l'expérience (*experientia*) ; le second de la déduction et de la dérivation de nouvelles expériences (*experimentum*) à partir des axiomes (II.10, 194-5). » Le contact avec l'expérience, qui fait défaut à la pratique courante de la recherche de la vérité, doit être restauré et demeurer constant : les axiomes seront établis étape par étape, de façon ordonnée, afin d'orienter la quête vers d'autres faits.

C'est pourquoi les expériences et leur description ont une telle importance dans la philosophie de Bacon : elles garantissent le contact avec la nature et soulignent la nécessité de s'appuyer sur des faits. Lorsqu'il parle

Moss, *Printed Commonplace-Books and the Structuring of Renaissance Thought*, Oxford, Clarendon Press, 1996.

6 Francis Bacon, *Novum Organum*, édition et traduction de Michel Malherbe et Jean-Marie Pousseur, Paris, Presses universitaires de France, 1986, livre I, paragraphe 19, p. 105. Les références seront données sous la forme (*NO*, I.19, 105).

d'expérience au sens précis, Bacon s'écarte de la pratique commune qui ne procède pas avec ordre. Une expérience construite de façon appropriée doit au contraire permettre de mener à des résultats concrets, à partir d'un problème à résoudre. Bacon ne perd jamais de vue que la justification philosophique de la réforme qu'il propose tient dans le contact avec la nature que permet l'expérience – entendue ici comme processus de connaissance, et non comme observation ordinaire et quotidienne.

Nombreux sont les récits d'expérience dans l'œuvre de Bacon. On trouve aussi bien des textes en latin qu'en anglais. Par exemple, le *Sylva Sylvarum*, ce qui explique en partie sa vogue au XVIIe siècle, est rédigé en anglais. Le *Novum Organum*, écrit en latin, consacre l'essentiel du second livre à une analyse des instances prérogatives, qui sont autant d'expériences destinées à contribuer au processus d'induction. La *Nouvelle Atlantide*, écrite en anglais, détaille la structure de la Maison de Salomon, où les expérimentateurs sont organisés de façon à permettre aux philosophes naturels d'arriver efficacement à des résultats. Les *Histoires*, en latin, contribuent à l'histoire naturelle, sur des sujets précis et circonscrits (les vents, la vie et la mort, etc.), alors que le *Sylva Sylvarum* est ouvert à une variété des sujets, qui couvre la musique comme la botanique, la température des corps comme l'imagination.

Ce texte de Bacon a été publié à titre posthume par son exécuteur testamentaire, Rawley, en un volume qui contenait également la *Nouvelle Atlantide*. Nul doute qu'il faille le considérer en même temps que le conte qui l'accompagne. Ainsi, les expériences qui y sont détaillées peuvent-elles être naturellement lues en parallèle avec les récits de la *Nouvelle Atlantide*. Le Père de la Maison de Salomon qui détaille l'organisation de l'activité scientifique commence par indiquer préparations et instruments. Les divisions entre laboratoires se font selon les éléments concernés par l'étude : les grottes sont consacrées aux expériences sur la conservation des corps, aux minerais et à la production de métaux, les tours sont dédiées à l'étude des phénomènes célestes (rappelant ici l'*Historia ventorum*), et les lacs à l'examen de l'eau et des mouvements, ainsi que des préparations telles que l'Eau de Paradis qui permet de prolonger la vie. Ces laboratoires permettent de reproduire des phénomènes naturels et météorologiques, comme la neige, la grêle, la pluie, et de se livrer à des expériences sur l'air, ce qui conduit à élaborer des traitements pour les maladies des hommes. Le but de ces laboratoires, outre l'étude des phénomènes, apparaît d'emblée tourné vers l'amélioration de la condition physique de l'homme, le traitement des maladies et la prolongation de la vie. Et l'on sait que toute l'œuvre de Bacon est parcourue de cette ambition[7]. Le fait que ces deux textes paraissent en un volume est d'un grand intérêt pour une réflexion sur la narrativité en matière de philosophie naturelle, d'autant que la formule a servi de modèle : Margaret Cavendish adosse par exemple ses réflexions de philosophie naturelle à son conte *Blazing World*[8]. Même si l'idée éditoriale est de Rawley plutôt que de Bacon, le succès du procédé marque bien l'intérêt de cette combinaison qui permet au conte philosophique de ne pas être simple fiction élégante vantant le travail empirique, mais véritable réflexion philosophique soutenue par des comptes rendus d'expérience, tandis qu'en retour le conte donne à l'histoire naturelle aussi bien une narration qu'une perspective théorique, un chemin vers la philosophie naturelle. On pourrait dire que ce volume articule comptes rendus d'expériences (*Sylva Sylvarum*) et expérience de pensée (*New Atlantis*).

Le *Sylva Sylvarum* appartient à une tradition antique, qu'il renouvelle. L'utilisation par Bacon de ce genre, qui s'apparente à ce qu'on appellera plus tard l'anthologie, permet au philosophe de ne pas proposer de système *a priori*, mais au contraire de laisser la porte ouverte à toutes les interprétations. La méfiance de Bacon pour la forme du traité est connue, et sa préférence pour l'aphorisme, qui a partie liée avec l'anecdote, théorisée dans *The Advancement of Learning*, vise à provoquer la pensée du lecteur, plutôt que de lui imposer les conclusions d'un système. Certains aphorismes résultent en effet d'une observation, plutôt que d'un jugement : ils décrivent autant qu'ils prescrivent. De plus, l'aphorisme constitue pour Bacon un mode de philosophie. Dans *The Advancement of Learning*, l'aphorisme est opposé à d'autres styles de raisonnement. Les exposés méthodiques traditionnels ont trop souvent tendance, selon l'auteur, à s'appuyer sur quelques axiomes ou observations, et à les transformer en un traité formel, en y joignant discours et exemples. L'aphorisme au contraire est exigeant pour celui qui le propose : point d'exemple ou d'illustration ici, nul artifice rhétorique, transition habile, ordre d'exposition ou descriptions. L'aphorisme concentre le talent, et surtout la connaissance, de celui qui l'écrit. Il incite à l'action, contrairement au discours qui est plus apte à gagner l'assentiment de celui qui

7 Voir par exemple *Le « Valerius Terminus » (ou de l'interprétation de la nature)*, traduction, notes et commentaires de François Vert, préface de Michèle Le Dœuff, Paris, Méridiens Klincksieck, 1986, p. 44 : « Par conséquent, afin de me faire comprendre au mieux : quelles sont la vraie fin, le vrai but, le véritable office de la connaissance ? J'ai établi que ce n'était ni la capacité de discourir de manière plausible, délectable, auguste ou admirable, ni la découverte d'arguments satisfaisants, mais l'effectuation, la production et la découverte de points particuliers jusqu'alors inconnus, en vue de doter la vie humaine de meilleurs secours ».

8 Margaret Cavendish, *Observations upon Experimental Philosophy to Which Is Added the Description of a New Blazing World*, London 1666.

l'écoute. Et comme l'aphorisme est un fragment de savoir, il invite celui qui le lit à poursuivre son enquête, alors que les méthodes offrent l'apparence d'une totalité, et rassurent les hommes. Le *Sylva Sylvarum* s'inscrit donc dans la réflexion de Bacon sur le langage et le style d'exposition, et incarne la métaphore architecturale utilisée de nombreuses fois par l'auteur : il s'agit d'un entrepôt, d'une structure où sont rassemblés les matériaux nécessaires à la construction. Comme l'écrit Frans de Bruyn : « Ainsi, les écrivains de l'époque moderne considéraient la *Sylva* à l'égal des autres genres – non pas comme un ensemble d'instructions rigides ayant trait à la structure et au contenu mais comme une invitation à explorer de nouvelles modalités de représentation littéraire à l'intérieur d'une pratique ou d'une tradition existantes »[9]. En ce sens aussi, le *Sylva Sylvarum* préfigure les publications de la Royal Society, en particulier les *Transactions* (« *rude Miscellanies* », selon l'expression d'Oldenburg[10]).

Comme l'a montré Graham Rees à partir d'une analyse du manuscrit, le *Sylva Sylvarum* est un texte beaucoup plus complexe que ne l'avaient pressenti ses éditeurs au XIXe siècle. Tout d'abord, chacun des récits contient un élément empirique, prélevé à l'occasion dans d'autres ouvrages, mais qui peut provenir d'observations faites par Bacon lui-même. Lorsqu'il emprunte, Bacon ne cherche pas à dissimuler, mais il différencie au contraire ses matériaux de ceux qu'il glane ailleurs : c'est la formule « *it is reported* » qui joue en particulier ce rôle. Ces emprunts correspondent à environ 35% des exemples, et proviennent d'Aristote, de Pline, d'Hippocrate, etc. mais aussi de modernes comme Scaliger, Paracelse, Cardan, Sandys, della Porta, etc. C'est en ce sens qu'on pourrait assimiler, dans un premier temps, ces récits d'expérience à des anecdotes. Comptes rendus d'observations empiriques glanées çà et là, ces courts textes satisfont aux critères de ce que pourrait être une anecdote : textes courts, autonomes, secondaires en ce sens qu'il ne s'agit pas ici d'un traité constitué mais bien d'un recueil, d'une collection.

Cependant, toute anecdote n'est pas bonne à prendre, toute expérience n'est pas digne d'intérêt, et la composition comme la rédaction du *Sylva Sylvarum* porte la trace de ce travail d'analyse et de sélection. De fait, Bacon se méfiait de ce qu'il appelle dans le *Novum Organum* les « racontars des rues et des carrefours », expliquant que ce sont eux qui gouvernent la philosophie naturelle : « On ne trouve rien dans l'histoire naturelle qui ait été recherché, vérifié, nombré, pesé, mesuré, par les moyens requis : or tout ce qui est indé-

9 Frans de Bruyn, « The Classical Silva and the Generic Development of Scientific Writing in Seventeenth-Century England », *New Literary History* 32.2 (2001), p. 363. Je traduis.

10 Cité par Bruyn, p. 366.

fini et vague dans l'observation, devient trompeur et traître dans l'information » (*NO*, 98.158-159)[11]. En particulier, Bacon se donne pour tâche d'accepter ou de refuser les récits d'expérience selon leur degré de probabilité ou de certitude. Il explique au début du recueil : « Quoique la méthode que je suis, en rejetant certaines expériences, soit peu sensible, elle n'en est pas moins réelle ni moins variée. Quand une expérience me paroit pouvoir fournir quelque application utile, je lui donne place dans cette collection ; mais si le fait est douteux, je le donne pour ce qu'il est » (*SS*, §25, vol. 7, p. 102-103)[12].

De fait, la structure rhétorique de certains de ces récits fait apparaître la complexité du processus d'acceptation des données expérimentales transmises par d'autres. Un exemple suffira ici :

> On pense aussi assez généralement, que, si l'on greffe un sujet qui ne donne que de petites poires, sur un sujet qui en donne de plus grosses, l'ente donnera de plus gros fruits que l'arbre d'où elle est tirée. Mais cette opinion ne nous paroit pas mieux fondée que celle dont nous parlions plus haut ; savoir : que, si l'on greffe une espèce à fruits tardifs sur une espèce à fruits précoces, l'ente rapportera plutôt que les arbres de son espèce ; opinion que nous avons rejetée, par la raison que le scion adopté prévaut toujours sur le tronc adoptant. Cependant il est assez vraisemblable que, si l'on greffoit une espèce qui eût peu de sève sur une espèce qui en eût beaucoup, l'ente donneroit des fruits plus gros que ceux des arbres de son espèce ; mais, selon toute apparence, ces fruits perdroient un peu de leur qualité. Généralement parlant, on choisit pour la greffe une espèce qui a moins de sève que celle de l'ente ; par exemple : on greffe le pommier franc sur un sauvageon de la même espèce, le poirier sur l'épine, etc. Cependant j'ai ouï dire que, dans les pays-bas, on s'étoit avisé de greffer un rejeton de pommier sur un trognon de chou, et qu'on avoit obtenu, par ce moyen, des pommes fort grosses, et d'une saveur très fade, dont les pépins, mis en terre, donnèrent, non des pommes, mais des choux ; il faudroit essayer aussi de greffer le pommier, le poirier, etc. sur le saule, le peuplier, l'aune, et même sur l'orme, ou sur le prunellier ; tous arbres de nature très humide. J'ai

---

11 Voir Barbara J. Shapiro, « Testimony in Seventeenth-Century English Natural Philosophy: Legal Origins and Early Development », *Studies in History and Philosophy of Science*, 33 (2002), p. 250: « Il était important d'avoir un témoignage oculaire crédible mais les expériences, qui étaient plus subtiles que l'observation directe, ainsi que les instruments qui renforçaient les sens, étaient particulièrement encouragés. Les observations recueillies de tous les phénomènes naturels observés ou créés par l'expérience étaient ensuite triées et examinées, de façon à éliminer les erreurs et à établir les faits de la nature ».

12 « The rejection which I continually use of experiments (though it appeareth not) is infinite; but yet if an experiment be probable in the work, and of great use, I receive it, but deliver it as doubtful » (*SS*, §25, p. 347-348).

appris qu'on avoit tenté cette greffe sur l'orme, et qu'elle avait réussi. (SS, §453, vol. 8, p. 200-203 ; je souligne)[13]

Au-delà de l'intérêt de l'expérience elle-même, il faut souligner la variété des formules rhétoriques qui signalent, par la modalisation, une réflexion précise sur le contenu des expériences transmises, sur l'état du savoir, ou encore sur les procédures de rejet ou d'acceptation des expériences. Outre ces différents degrés de modalisation, on insistera sur la présence d'expressions comme « il faudroit essayer » qui indique encore la nécessité de confronter ces données à de nouvelles expériences : ce que livrent aussi les paragraphes du *Sylva Sylvarum*, ce sont des intructions pour des expériences futures. Si l'on veut considérer ces comptes rendus d'expérience comme des anecdotes, on comprend la complexité du raisonnement de Bacon, qui cherche à évaluer ces récits, à les confronter à d'autres (« Cependant j'ai ouï dire que »), à les accepter éventuellement comme éléments fructueux pour l'élaboration d'une philosophie naturelle. Par son ubiquité géographique, l'anecdote dans le *Sylva Sylvarum*, porte encore la trace de la recherche de l'universalité du savoir. En général prélevée chez Sandys, l'anecdote venue de pays lointains se retrouve à divers moments du texte ; que l'on pense à l'Inde où les clous de girofle absorbent l'eau dans une pièce fermée, à la Turquie, où l'on s'adonne à l'art du « *sherbet* », aux momies égyptiennes dont la longévité est étonnante et permet de poser à nouveau la question de la putréfaction des corps, aux poisons mis au point aux Antilles, qui contiennent de la chair et du sang humain, et témoignent donc de sa nocivité.

Il y a plus : les données empiriques ne sont pas communiquées pour édifier le lecteur, aucun récit d'expérience n'est livré à seules fins de collection. Le travail de Bacon dans ce recueil n'est pas simplement descriptif : il tient dans la recherche des causes, proposant déjà le passage d'une histoire à une

13 « *It hath been received*, that a smaller pear grafted upon a stock that beareth a greater pear, will become great. *But I think it is as true as* that of the prime-fruit upon the late stock, and *e converse* ; *which we rejected before* ; for the scions will govern. *Nevertheless it is probable enough*, that if you can get a scion to grow upon a stock of another kind, that is much moister than his own stock, it may make the fruit greater, because it will yield more plentiful nourishment ; though it is like it will make the fruit baser. But generally the grafting is upon a drier stock ; as the apple upon a crab, the pear upon a thorn, &c. *Yet it is reported*, that in the Low Countries they will graft an apple-scion upon the stock of a colewort, and it will bear a great flaggy apple, the kernel of which, if it be set, will be a colewort, and not an apple. *It were good to try whether* an apple-scion will prosper, if it be grafted upon a sallow, or upon a poplar, or upon an alder, or upon an elm, or upon an horse-plum, which are the moistest of trees. *I have heard that* it hath been tried upon an elm, and succeeded » (*SS*, §453, p. 487 ; je souligne).

philosophie naturelle. Il distingue dans le *Novum Organum* : « Autre en effet est la méthode d'une histoire naturelle composée pour elle-même, autre celle d'une histoire naturelle assemblée pour informer l'entendement, en vue de la fondation de la philosophie » (*NO*, 98.159). Rawley l'indique également dans la préface, rapportant les propos de Bacon : « Car, comme les histoires naturelles qui existent sont assemblées pour plaire et pour être utiles, elles contiennent beaucoup d'agréables descriptions et illustrations, et elles visent à être admirées, originales et mystérieuses. Mais, à l'opposé, sa seigneurie a cherché à écrire une histoire naturelle qui puisse être essentielle à l'érection et à la construction d'une véritable philosophie ; qui serve l'illumination de l'esprit, l'extraction des axiomes, et la production de beaucoup d'œuvres et d'effets nobles »[14].

Etant prévu pour la troisième partie de l'*Instauratio Magna*, ce recueil ne saurait être compris indépendamment du projet général de Bacon ; il appartient d'une part à l'ensemble des histoires naturelles, mais d'autre part il esquisse le passage vers la philosophie dans la recherche des causes :

> De plus, sa seigneurie a pensé utile d'ajouter à beaucoup des expériences, une analyse des causes : de façon à ce que dans l'œuvre d'interprétation de la nature et d'établissement des axiomes, toutes choses soient préparées… Il a considéré de même que, en ajoutant les causes, l'esprit des hommes (qui se précipite pour trouver la cause des choses) ne se trouverait pas totalement perdu dans la vaste forêt de l'expérience, mais se porterait quelque peu sur ces causes (quelles qu'elles soient), en attendant que les vrais axiomes puissent être totalement découverts. (SS, p. 336-337)[15]

Le récit d'expérience se combine donc à une réflexion sur les causes, dans un même mouvement rhétorique. Ainsi par exemple du paragraphe 523, où

14 William Rawley, préface à Francis Bacon, *Sylva Sylvarum : or a Natural History, in ten centuries*, [1627] *in Collected Works of Francis Bacon*, ed. J. Spedding, R.E. Ellis et D.D. Heath, rptd. London, Routledge and Thoemme Press, volume II, p. 335-6. Je traduis. « For those Natural Histories which are extant, being gathered for delight and use, are full of pleasant descriptions and pictures, and affect and seek after admiration, rarities, and secrets. But, contrariwise, the scope which his lordship intendeth, is to write such a Natural History as may be fundamental to the erecting and building of a true philosophy; for the illumination of the understanding, the extracting of axioms, and the producing of many noble works and effects ».

15 « Further, his lordship thought good also to add unto many of the experiments themselves *some gloss of the causes* : that in the succeeding work of interpreting nature and framing axioms, all things may be in more readiness … He did consider likewise, that by this addition of causes, men's minds (which make so much haste to find out the causes of things) would not think themselves utterly lost in a vast wood of experience, but stay upon these causes (such as they are) a little, till true axioms may be more fully discovered » (je souligne).

Bacon combine l'évaluation des hypothèses, la narration de l'expérience et l'examen des causes :

> J'ai ouï dire (et cette transformation ne me paroît pas tout-à-fait impossible) qu'un vieil arbre destiné à fournir du bois de charpente, étant coupé par le pied, sa souche produit quelquefois un arbre d'une autre espèce ; par exemple, qu'une souche de hêtre produit un bouleau. Si le fait est vrai, la cause en est peut-être que la veille souche étant presque entièrement épuisée, et n'ayant plus assez de sève pour produire un arbre de son espèce, ne laisse pas d'en avoir assez pour produire un arbre d'une espèce inférieure, et qui demande beaucoup moins de nourriture. (SS, §523, vol. 8, p. 308-309)[16]

Cette quête, Bacon le confirme dans le cours du texte, n'est pas à proprement parler de l'histoire naturelle, mais une étape du processus d'interprétation, c'est-à-dire d'accès aux axiomes: « Car notre *Sylva Sylvarum* n'est point, à proprement parler, une *histoire naturelle*, mais plutôt une sorte de *magie naturelle* d'un genre plus élevé, attendu que, non contente de *décrire* la nature, elle *analyse* ses plus grandes opérations pour mettre l'homme en état de les imiter » (*SS*, §93, vol. 7, p. 238)[17].

Cet ouvrage n'est pas un simple recueil d'expériences notées au fur et à mesure des lectures, comme s'il s'était agi d'un livre de lieux communs, mais qu'il rassemble plutôt des récits soigneusement rédigés et précisément composés[18]. Dans cette perspective, il convient de se demander quelle place occupe l'anecdote dans le recueil. Une première proposition, sous-entendue jusqu'ici, considèrerait que l'anecdote est partout livrée au lecteur. Une description d'expérience ou la relation d'une expérience effectuée par d'autres fonctionnerait alors comme une anecdote : récit autonome, indépendant à première vue d'une structure plus vaste, récit bref dont la logique ne repose que sur l'événement expérimental qu'il rapporte. C'est ainsi que Bacon se fait par exemple l'écho d'une expérience sur les sources et les puits :

> Un homme peu connu indique ce procédé pour faire une source artificielle. Choisissez, dit-il, un terrain qui ait beaucoup de pente, et où les eaux de pluie aient un écoulement très rapide Formez-y une espèce de lit, à moitié rempli de pierres de grandeur convenable, et à la profondeur de trois ou quatre pieds dans la même terre. Qu'une extrémité

16 « *It is not impossible*, and I have heard it verified, that upon cutting down of an old timber tree, the stub hath put out sometimes a tree of another kind; as that beech hath put forth birch; which, *if it be true, the cause may be*, for that the old stub is too scant of juice to put forth the former tree; and therefore putteth forth a tree of smaller kind, that needeth less nourishment » (*SS*, §523, p. 507 ; je souligne).

17 « For this writing of our *Sylva Sylvarum* is (to speak properly) not natural history, but a high kind of natural magic. For it is not a description only of nature, but a breaking of nature into great and strange works » (*SS*, §93, p. 378).

18 Graham Rees, « An Unpublished Mansucript by Francis Bacon: *Sylva Sylvarum* Drafts and Other Working Notes », *Annals of Science*, 38 (1981), 377-412.

> de ce lit soit vers le haut de la montagne, et l'autre vers le bas. Remplissez-le de cailloux en suffisante quantité, jetez du sable par dessus, et vous verrez, ajoute-t-il, après des pluiers réitérées, l'eau sortir de ce lit qui est vers le bas, comme d'une source naturelle. Que cet effet ait lieu tant que la pluie dure, c'est ce qui n'a rien de fort étonnant ; mais il prétend que cette source continue à fournir de l'eau long-temps après que les pluies ont cessé. Il paroît que cette source est entretenue par l'air même qui se convertit en eau ; conversion qui a pour cause la condensation opérée par le froid de la terre, et l'affinité de l'air avec l'eau déjà formée. (SS, §25, vol. 7, p. 104)[19]

On voit comment fonctionne le récit dans le cas présent: Bacon rapporte l'expérience fidèlement (« dit-il »), puis propose une interprétation ou une explication (« ce qui n'a rien de fort étonnant »), amplifiant ainsi le récit d'expérience.

Pour conforter cette identification du compte rendu à l'anecdote, il faudrait noter que c'est dans l'écriture des expériences, dans leur mise en forme narrative que réside une partie de leur importance philosophique. Si Bacon n'est pas systématique dans la présentation du matériau dans *Sylva Sylvarum*, pas plus que dans le *Novum Organum*, c'est que les expériences ainsi décrites ne servent pas une illustration systématique des points considérés, mais constituent plutôt comme un aperçu de l'étendue à explorer. C'est en ce sens qu'on peut les apparenter à l'anecdote. De plus, la variété des expériences évoquées suggère que Bacon entrevoit là des directions possibles de recherche, toutes les expériences qu'il entreprend de mentionner n'ayant pas été accomplies: il s'agit parfois d'instructions pour des expériences futures. On lit alors dans le *Novum Organum*, comme dans *Sylva Sylvarum*, un aperçu des théories et expériences existantes, ainsi qu'un projet général soutenu par une histoire naturelle encore en devenir: ces expériences permettront de reconfigurer l'histoire naturelle selon des lignes nouvelles, utiles au savoir, conformes à la nature des choses. C'est alors que pourra s'élaborer une véritable philosophie naturelle.

---

19 « It was reported by a sober man, that an artificial spring may be made thus. Find out a hanging ground, where there is a good quick fall of rain-water. Lay a half-trough of stone, of a good length, three or four foot deep within the same ground; with one end upon the high ground, the other upon the low. Cover the trough with brakes a good thickness, and cast sand upon the top of the brakes. You shall see (saith he) that after some showers are past, the lower end of the trough will run like a spring of water: which is no marvel, if it hold while the rain-water lasteth ; but he said it would continue long time after the rain is past: as if the water did multiply itself upon the air, by the help of the coldness and condensation of the earth, and the consort of the first water » (*SS*, §25, p. 347).

Rhétoriques de l'anecdote, rhétorique du *Sylva Sylvarum*

Une première proposition pouvait donc consister à voir dans chaque récit d'expérience une anecdote, soutenue par la suite par un travail interprétatif. Cependant, si une grosse minorité de ces récits, environ 35%, procède de sources identifiables, citations analysées d'observations expérimentales, la plus grande partie des comptes rendus provient d'expérimentations réalisées par Bacon lui-même. Il le signale à l'occasion, par des formules comme : « Or, cette expérience que nous indiquons ici, nous l'avoins autrefois tentée nous-mêmes, et tels en furent les résultats » (SS, §88, vol. 7, p. 229)[20]. Ou encore: « C'est ce dont on s'est assuré par l'expérience » (SS, §19, vol. 7, p. 94)[21]. Ce sont en particulier les remèdes, à base de plantes ou autres, dont Bacon a clairement fait usage sur lui-même. Le *Sylva Sylvarum* est davantage qu'un recueil de récits d'expérience, un état des expériences réalisées par Bacon, non pas le simple enregistrement de phénomènes physiques qui s'intégreraient plus ou moins dans la structure du savoir, sur le mode aristotélicien, mais une multiplicité d'occurrences singulières, d'expériences au sens moderne, à partir desquelles peut se construire le savoir[22]. En ce sens, leur statut dépasserait l'anecdote, pour constituer des étapes dans une argumentation générale dont la structure est, elle, encore à l'état d'ébauche (ou cachée, comme le dit Rawley dans sa préface). Cette structure ne doit intervenir qu'après la lecture ou l'analyse, après l'induction peut-être, car le but recherché n'est pas de satisfaire au plaisir du lecteur, mais bien de permettre d'accéder à des axiomes vrais.

C'est alors qu'il faut nuancer la première proposition, qui consistait à appréhender le *Sylva Sylvarum* comme un recueil d'anecdotes. Une deuxième proposition, plus étroite quoique peut-être plus conforme au sens et à la fonction que l'on souhaite donner à l'anecdote, considérerait les récits annexes donnés par Bacon à l'intérieur des comptes rendus d'expérience, les

20 « This experiment we made ; and it sorted thus » (*SS*, §88, p. 376).

21 « This is tried » (*SS*, §19, p. 345).

22 Voir Peter Dear, « Narrative, anecdotes and experiments: turning experience into science in the 17th century », in *The Literary Structure of Scientific Argument: Historical Studies*, éd. Peter Dear, Pennsylvania University Press, Pennsylvania, 1991, p. 146: « L'expérience a émergé textuellement au XVIIe siècle par une extension progressive des conventions déjà mentionnées, mais elle n'a pas acquis sa légitimité sans difficultés. De fait, la revendication par la Royal Society, à ses débuts, d'une philosophie qui repose explicitement sur l'expérience s'est accompagnée d'un rejet marqué des traditions scolastiques aristotéliciennes. [...] Mais même progressif, l'établissement de récits d'événements constitue une réorientation épistémologique de première importance ».

apartés ou les digressions, même si Bacon se défend toujours de vouloir s'écarter du sujet. Dès le premier paragraphe du livre, César est convoqué à l'appui d'une réflexion sur l'eau. Dans cet exemple, symbolique puisque c'est le premier de l'ouvrage, le récit est adventice, et ne sert qu'à présenter et réfuter une interprétation erronée, à se porter, donc, sur les causes :

> Un peu au-dessus de l'endroit où viennent se briser les dernières vagues, creusez un puits, dont l'ouverture se trouve ainsi un peu plus élevée que le niveau de la haute-mer, et dont le fond soit un peu au-dessous du niveau de la mer-basse ; dans le temps de la haute-mer, ce puits se remplira peu à peu d'une eau douce et potable. Ce fait est constaté par la pratique qui s'observe constamment à la côte de Mauritanie, (de Maroc et d'Alger), où l'on supplée, par ce seul moyen, au défaut d'eau douce. Ce fut aussi une dernière ressource pour Jules-César dans le blocus qu'il soutint à Alexandrie. Ayant fait creuser des puits sur le rivage de la mer, il trompa, par ce moyen, tous les efforts des Alexandrins, qui avoient entrepris des travaux immenses pour faire couler l'eau de la mer dans les fontaines du lieu qu'il occupoit ; et il sauva ainsi son armée, qui, faute d'eau douce, sembloit perdue. César ignorait la véritable cause de l'effet dont il profitoit ; il s'imaginoit que le sable marin contenoit quelque source d'eau douce ; mais il est clair que cette cause n'est autre que l'eau même de la mer, qui remplit un tel puits à mesure qu'elle monte, et en proportion de son accroissement ; parce qu'en se filtrant à travers le sable, elle y dépose sa salure. (SS, §1, vol. 7, p. 74)[23]

L'anecdote joue un rôle double ici : elle garantit la réalité du phénomène grâce à l'observateur privilégié, elle permet de considérer la véritable cause du phénomène.

Au sein même des expériences livrées par Bacon, figurent allusions ou petits récits, qui peuvent à leur tour être envisagés comme des anecdotes. Souvent empruntés à l'Antiquité, comme l'exemple dont il vient d'être question, ils permettent d'illustrer, ou donnent l'occasion d'une réfutation. C'est le cas encore de cet empereur romain qui, ayant décapité son autruche, l'observa qui continuait de courir – cela à l'appui d'un raisonnement sur la présence des esprits vitaux dans le corps plutôt que dans la tête des oiseaux. Ces apartés proviennent parfois de la mythologie, et rejoignent le travail de Bacon dans *De Sapientia Veterum*, relecture des fables pour y trouver les

23 « DIG a pit upon the sea-shore, somewhat above the high-water mark, and sink it as deep as the low-water mark ; and as the tide cometh in, it will fill with water, fresh and potable. This is commonly practised upon the coast of Barbary, where other fresh water is wanting. And Caesar knew this well when he was besieged in Alexandria : for by digging of pits in the sea-shore, he did frustrate the laborious works of the enemies, which had turned the sea-water upon the wells of Alexandria ; and so saved his army, being then in desperation. But Caesar mistook the cause, for he thought that all sea-sands had natural springs of fresh water. But it is plain that it is the sea-water ; because the pit filleth according to the measure of the tide; and the sea-water passing or straining through the sands leaveth the saltness » (*SS*, §1, p. 339).

principes de la philosophie naturelle. Par exemple, Bacon mentionne Hercule, lors d'une démonstration de la présence d'une bulle d'air à l'intérieur d'un seau renversé dans l'eau :

> Il semble que le poëte sicilien ait eu connoissance de quelque expérience de ce genre ; car il dit qu'Hylas, valet d'Hercule, étant allé remplir sa cruche à une fontaine très agréable située près du rivage, les nymphes, qui en étoient devenues amoureuses, l'enlevèrent, et le conservèrent vivant sous les eaux ; qu'ensuite Hercule appelant son valet, d'une voix si forte et si élevée que tout le rivage en retentissoit, Hylas lui répondit de dessous l'eau ; mais avec cette circonstance (et c'est celle qui nous importe le plus ici), que sa voix paroissoit si grêle à Hercule, qu'elle lui sembloit venir d'extrêmement loin, quoique son valet fût tout près de lui. (SS, §155, vol. 7, p. 329)[24]

Ce que retrouve Bacon, ici, au-delà de la fable, c'est la dimension expérientielle sur laquelle elle est fondée[25].

En d'autres lieux du texte, la référence à la fable est au contraire moyen de refuser l'expérience comme improbable. C'est le cas dans l'exemple suivant, qui permet en fait à Bacon de proposer un raisonnement complexe :

> Suivant une tradition ridicule, il est un oiseau appelé l'oiseau du gui (espèce de grive) qui se nourrit des baies de cette plante ; mais qui souvent, ne pouvant les digérer, les rejette en entier avec ses excrémens : et cette graine venant à tomber dans quelque fente, y produit le gui. Mais on doit regarder cette relation comme une fable ; car il n'est pas probable que ces oiseaux recherchent un aliment qu'ils ne peuvent digérer ; et quand on accorderoit ce point, il est beaucoup d'autres raisons qui ôtent à cette opinion toute probabilité. 1°. Cette plante ne croît que sur certaines espèces d'arbres, dont les fruits ne sont pas de nature à attirer ces oiseaux, et à leur servir d'aliment. Mais il se peut que

---

24 « A man would think that the Sicilian poet had knowledge of this experiment; for he saith that Hercules' page, Hylas, went with a water-pot to fill it at a pleasant fountain that was near the shore, and that the nymphs of the fountain fell in love with the boy, and pulled him under the water, keeping him alive ; and that Hercules missing his page, called him by his name aloud, that all the shore rang of it; and that Hylas from within the water answered his master, but (that which is to the present purpose) with so small and exile a voice, as Hercules thought he had been three miles off, when the fountain indeed was fast by » (*SS*, §155, p. 401).

25 On voit que ce travail rejoint effectivement celui de Bacon dans la *Sagesse des anciens*, où il retrouve sous la fable, le contenu de vérité sur lequel celle-ci est construite: « Je suis enclin à penser que la plupart des fables écrites par les anciens poètes renferment depuis l'origine bien des allégories et des mystères ; et cela parce que j'éprouve de la vénération pour les premiers siècles, et parce qu'en mainte fable je trouve une telle similitude et conjonction avec la chose signifiée, aussi bien dans la trame de la fable elle-même que dans les noms propres par lesquels les personnages ou acteurs de la fable se trouvent désignés et pour ainsi dire marqués, que personne ne pourra résolument nier que ce sens n'ait été pensé et délivré dès le début et délibérément obscurci » (*La Sagesse des Anciens*, traduction, introduction et annotation par Jean-Pierre Cavaillé, Paris, J. Vrin, 1997, p. 62).

l'oiseau en question se nourrisse des baies du gui, et qu'en conséquence on l'ait vu souvent se percher sur les branches d'arbres qui le produisent ; ce qui aura sans doute donné lieu à ce conte. Mais un autre fait qui décide la question, c'est qu'on trouve le gui, tantôt sur les branches, et tantôt dessous ; et dès lors on ne peut plus dire qu'il provient d'une graine qui est tombée dessus. (SS, §556, vol. 8, p. 338-9; je souligne)[26]

L'anecdote ici ne sert pas tant à illustrer qu'à provoquer, par la réfutation de ce qu'il appelle une fable, l'exposition d'un raisonnement qui le conduit à une conclusion assurée : la structure rhétorique de l'exposition de l'anecdote marque clairement ce mouvement argumentatif.

Le récit mythologique peut aussi offrir l'occasion d'une méditation :

Au rapport de quelques historiens, les habitans de Leucade, en vertu d'une coutume superstitieuse, précipitoient un homme du haut d'un rocher dans la mer, après avoir attaché autour de lui, à l'aide de longues cordes, quantité de grands oiseaux, et avoir garni tout son corps de plumes, formant des espèces d'ailes qui demeuroient étendues, afin de ralentir sa chûte, et de rompre le coup. On voit aussi que certains oiseaux, armés d'ailes très fortes, tels que le milan, l'autour, l'aigle, etc. peuvent, outre le poids de leur propre corps, soutenir, en volant, une masse assez pesante. Je présume aussi qu'à l'aide d'ailes formées de plumes très déliées et jointes bien exactement, qui seroient d'un fort grand volume, et qui demeureroient aussi toujours étendues, il seroit possible de soutenir, dans les airs, un poids assez grand, pourvu que le tout fût bien en équilibre, et ne penchât pas plus d'un côté que de l'autre. On pourroit peut-être, en étendant un peu ces idées, trouver un moyen de traverser les airs en volant. (SS, §886, vol. 9, p. 305)[27]

Peu importe si l'anecdote est vraie ou non, il faut réfléchir aux conditions permettant de voler, c'est-à-dire songer à des expériences futures. On l'a dit, l'un des aspects importants de la réflexion de Bacon, est d'inviter à réaliser

26 « They have an idle tradition that there is a bird called a missel-bird, that feedeth upon a seed, which many times she cannot digest, and so expelleth it whole with her excrement : which falling upon the bough of a tree that hath some rift, putteth forth misseltoe. But *this is a fable* : for *it is not probable that* birds should feed upon that they cannot digest. But allow that, *yet it cannot be for other reasons* : for first, it is found but upon certain trees; and those trees bear no such fruit as may allure that bird to sit and feed upon them. *It may be that* bird feedeth upon the misseltoe berries, and so is often found there ; which may have given occasion to the tale. But *that which maketh an end of the question* is, that misseltoe hath been found to put forth under the boughs, and not only above the boughs ; *so it cannot be anything that* falleth upon the bough » (*SS*, §556, p. 514 ; je souligne).

27 « It is reported that amongst the Leucadians, in ancient time, upon a superstition, they did use to precipitate a man from a high cliff into the sea ; tying about him with strings, at some distance, many great fowls ; and fixing unto his body divers feathers, spread, to break the fall. Certainly many birds of good wing (as kites, and the like,) would bear up a good weight as they fly ; and spreading of feathers thin, and close and in great breadth, will likewise bear up a great weight ; being even laid, without tilting upon the sides. The further extension of this experiment for flying may be thought upon » (*SS*, §886, p. 634).

des expériences, et l'anecdote, grâce au récit qu'elle donne, suggère d'autres voies d'investigation. Cette forme narrative illustre donc un propos, garantit la certitude de données d'expérience, permet de mener un raisonnement, conduit enfin à envisager d'autres expériences, à ouvrir des voies de recherche scientifique.

Mais l'anecdote peut également être personnelle, et Bacon en deux ou trois endroits du recueil, introduit des éléments qui semblent en net décalage par rapport aux exemples habituellement convoqués. C'est le cas du chien dont il rapporte les prouesses : « Les seuls animaux qui aient la faculté d'imiter le langage humain, ce sont les oiseaux. Le singe imite bien les gestes et les mouvemens de l'homme, mais il n'a point la faculté d'imiter la parole. *J'ai cependant vu un chien* qui, lorsqu'on hurloit dans son oreille, imitoit ensuite ce hurlement pendant quelque temps » (*SS*, §238, vol. 7 p. 410; je souligne)[28]. Introduite en forme de concession, la mention du chien permet de nuancer le jugement – osons même qu'il s'agit là d'une touche légère dans la rhétorique baconienne qui en est si notoirement dépourvue. En une autre occasion, c'est le traitement des verrues qui semble s'apparenter à de la magie, mais dont Bacon certifie qu'il en a été l'heureux bénéficiaire; l'anecdote introduit un élément de doute dans une opinion qui pourrait ressembler à de la superstition, et il ne cesse de s'en étonner, concluant son récit sur: « mais la disparition de celle qui avoit duré tant d'années, fut ce qui alors me frappa et m'étonne encore aujourd'hui » (*SS*, §997, vol. 9, p. 481)[29]. Le témoignage direct permet d'assurer la réalité du phénomène, même si la cause en demeure trouble.

Dernier exemple enfin d'anecdote personnelle, l'étonnant rêve dont Bacon livre le contenu, rêve prémonitoire de la mort de son père, et dont on aurait pu croire qu'il ne saurait trouver de place dans un recueil comme le *Sylva Sylvarum*. Il s'agit ici de réfléchir à la force de l'imagination, et à la complexité d'une analyse de cette question:

> Je voudrois qu'on s'assurât d'abord par des expériences et des observations multipliées, s'il y a en effet quelque corrélation sympathique, quelque communication ou action réciproque, même à distance, entre les personnes du même sang, ou liées par d'autres relations très étroites ; par exemple entre les pères ou les mères et leurs enfans, entre deux frères, deux sœurs, ou un frère et une sœur ; ou encore entre une nourrice et son nourrission, ou enfin, entre mari et femme, etc. Plusieurs historiens font mention

28 « No beast can imitate the speech of man, but birds only; for the ape itself, that is so ready to imitate otherwise, attaineth not any degree of imitation of speech. *It is true that I have known* a dog, that if one howled in his ear, he would fall a howling a great while » (*SS*, §238, p. 424 ; je souligne).

29 « but the going away of that which had stayed so long, doth yet stick with me » (*SS*, §997, p. 670).

d'individus qui ont été avertis par un mouvement intérieur et une sensation inexplicable, de la mort des personnes qui leur étoient chères, et qui avoient avec eux des relations de la nature de celles dont nous venons de parler. Je me souviens moi-même que, dans le temps de mon séjour à Paris, et deux ou trois jours avant que mon père mourût à Londres, je vis en songe sa maison de campagne toute enduite d'une sorte de mortier noir ; songe que je racontai alors à plusieurs gentishommes de mes compatriotes. (SS, §986, vol. 9, p. 666-7)[30]

L'anecdote se présente ici en premier lieu comme la confirmation des « rapports » qui sont donnés au sujet des prémonitions. Mais elle est aussi étonnant, édifiant récit dans le cours d'analyses dont on sait qu'elles aspirent à être impersonnelles. Richard Scholar l'a analysée dans son étude du Je-ne-sais-quoi : « Bacon... cite l'expérience de son propre « sentiment intérieur » à la mort de son père à l'appui des récits historiquement avérés de cas similaires. Avocat de profession, Bacon sait que les témoignages personnels constituent des preuves bien fragiles s'ils ne sont pas corroborés : telle est la fonction des « gentilshommes anglais » qui viennent confirmer son récit, ne serait-ce que d'un point de vue rhétorique, car ils restent anonymes »[31].

C'est de façon significative dans le même cours de la réflexion de Bacon sur le pouvoir de l'imagination sur l'esprit des hommes qu'apparaît l'anecdote la plus longue du *Sylva*. En voici le récit complet :

Par exemple ; je disois un jour à un homme qui étoit très infatué de cet art, et qui se piquoit d'y être versé, que j'avois vu un jongleur (charlatan, faiseur de tours), qui, après avoir présenté à une personne un jeu de cartes, en lui disant de penser à une de ces cartes, devinoit ensuite précisément celle à laquelle elle avoit pensé. Vous vous méprenez, monsieur, me répondit-il ; ce n'étoit pas que le jongleur devinât la pensée, faculté réservée à Dieu seul ; mais l'imagination de ce jongleur qui avoit d'abord pensé à cette carte, étant beaucoup plus forte que celle de la personne en question, la bridoit et la loiot, pour ainsi dire, à tel point, qu'il étoit impossible à celle-ci de penser à toute autre carte. Puis il me fit deux ou trois questions ; ce qui n'étoit, je crois, qu'un artifice de sa part, vu qu'il connoissoit toutes les ruses du métier. Vous rappellez-vous, me dit-il encore, si le jongleur nommoit lui-même la carte à laquelle il supposoit que cette peronne avoit pensé, ou s'il disoit à une troisième personne de la nommer ? Il faisoit nommer la carte par une autre, lui répondis-je ; réponse qui étoit conforme à la vérité. Bon, reprit-il, je m'en étois douté, et c'est ainsi que je l'ai d'abord entendu ; car il n'auroit pu se don-

30 « I would have it first throughly inquired, whether there be any secret passages of sympathy between persons of near blood ; as parents, children, brothers, sisters, nurse-children, husbands, wives, &c. There be many reports in history, that upon the death of persons of such nearness, men have had an inward feeling of it. I myself remember, that being in Paris, and my father dying in London, two or three days before my father's death I had a dream, which I told to divers English gentlemen, that my father's house in the country was plastered all over with black mortar. » (iSS, §986, p. 666-667).

31 Richard Scholar, *Le* je-*ne-sais-quoi : enquête sur une énigme*, tr. Thomas Constantinesco, Paris, Presses Universitaires de France, p. 118.

ner à lui-même une imagination assez efficace pour lier celle de la personne à laquelle il avoit dit de penser la carte : mais, en désignant cette carte à une tierce personne qui regardoit le jongleur comme un homme extraordinaire, et capable d'exécuter les plus grandes choses ; celle-ci contractoit, par ce moyen, une imagination d'une efficacité et d'une énergie suffisante. A cette réponse, j'ouvris les oreilles, l'extravagance de cet homme et son air de certitude m'amusant fort. Vous souvenez-vous, monsieur, me demanda-t-il enfin, si le jongleur, après avoir dit à la personne en question de penser à une carte, parla ensuite à l'oreille du tiers, et lui désigna cette carte à laquelle l'autre avoit déjà pensé ; ou si, au contraire, ayant d'abord désigné tout bas au tiers la carte à laquelle l'autre penseroit, il dit ensuite à celle-ci de penser à une carte quelconque ? Je répondis que le jongleur avoit commencé par désigner la carte au tiers, en lui parlant à l'oreille ; ce qui étoit encore vrai. A cette réponse, notre docteur triomphant, et fort contente de lui-même me dit : vous voyez, monsieur, avec quelle justesse et quelle facilité j'ai deviné comment la chose s'étoit passée. Car si la seconde personne eût d'abord pensé à la cate, son imagination auroit été déjà fixée, et il auroit été impossible de la changer : au lieu que le tiers, ayant d'abord imaginé la carte, lia ainsi l'imagination de la seconde personne, et il devint impossible à celle-ci de penser à une autre carte. Quoique son explication me semblât mériter quelque attention, cependant je ne parus pas y attacher autant d'importance qu'il l'avoit espéré ; et je lui dis qu'il me paroissoit que les deux domestiques qui jouoient un rôle dans cette circonstance, s'entendoient avec le jongleur ; quoique je n'eusse pas lieu de les soupçonner de connivence, ces deux hommes étant attachés à mon père, et ce faiseur de tours n'ayant jamais paru auparavant dans notre maison. Ensuite, ce même homme s'étant fait donner une jarretière, paria qu'il devineroit à quel endroit telle personne de la compagnie l'auroit touchée ; je veux dire, à combien de pouces, de lignes, etc. de chaque extrémité seroit l'endroit du contact ; et il le devina en effet, en le désignait d'abord tout bas à une personne, et disant ensuite à une autre de penser à un endroit quelconque.

Débarrassé de cette narration, dont je n'ai garde de tirer des conséquences positives relativement au pouvoir de l'imagination, mais qui a du moins l'avantage de mettre, pour ainsi dire, la chose sous les yeux, et de déterminer avec précision le véritable état de la question, je reviens à l'avertissement que j'ai donné plus haut. Je dis donc que, pour faire, toutes les expériences de ce genre, il faut employer, non sa propre imagination, mais celle d'un tiers. (SS, §946, p. 421-426)[32]

---

32 For example: I related one time to a man that was curious and vain enough in these things, that I saw a kind of juggler, that had a pair of cards, and would tell a man what card he thought. This pretended learned man told me it was a mistaking in me ; « for, » said he, « it was not the knowledge of the man's thought, (for that is proper to God,) but it was *the enforcing of a thought upon him*, and binding his imagination by a stronger, that he could think no other card. » And thereupon he asked me a question or two, which I thought he did but cunningly, knowing before what used to be the feats of the juggler. « Sir, » said he, « do you remember whether he told the card the man thought, himself, or bade another to tell it ? » I answered (as was true) that he bade another tell it. Whereunto he said, « So I thought : for, » said he, « himself could not have put on so strong an imagination; but by telling the other the card (who believed that the juggler was some strange man, and could do strange things) that other man caught a strong imagination. » I hearkened unto him, thinking for a vanity he spoke prettily. Then he asked me another

Le tour est célèbre et fait encore le bonheur des joueurs de bonneteau sur le boulevard de Clichy. Mais c'est peut-être l'analyse qu'en donne Bacon qui importe ici, où il est finalement davantage question de rhétorique et d'argumentation que de contenu expérientiel. Bacon se défend d'abord de s'abandonner au plaisir de la narration, quoiqu'il soit permis ici d'en douter, comme il est licite de penser que le récit de la maison couverte d'enduit noir avant la mort de son père appartient à la dimension de l'écriture, et ne constitue pas uniquement une pierre dans l'édifice des rêves prémonitoires. Il indique la dimension heuristique de l'anecdote qui permet « de déterminer avec précision le véritable état de la question ». On touche ici à la profondeur de l'anecdote : elle permet d'ouvrir les problèmes, de proposer une perspective qu'un simple examen de la question ne saurait livrer; elle procède, notons-le encore, avec élégance et efficacité. L'anecdote permet en dernière analyse de retourner vers les problèmes en cours, et de réarticuler la réflexion à l'imagination et à l'autorité.

Tout le sens du recueil paraît dans ce traitement de l'anecdote. Lorsqu'elle est convoquée, elle n'a pas pour simple fonction d'illustrer un axiome; elle n'appartient pas non plus à l'expérience au sens aristotélicien. Elle ouvre plutôt à la réflexion philosophique des perspectives nouvelles, car il s'agit, au contraire de la pratique aristotélicienne, de tester la conclusion avancée au contact de l'expérience. En ouvrant des perspectives, l'anecdote indique des

---

question: saith he, « Do you remember, whether he bade the man think the card first, and afterwards told the other man in his ear, what he should think; or else that he did whisper first in the man's ear that should tell the card, telling that such a man should think such a card, and after bade the man think a card? » I told him, as was true, that he did first whisper the man in the ear, that such a man should think such a card. Upon this the learned man did much exult and please himself, saying ; « Lo, you may see that my opinion is right: for if the man had thought first, his thought had been fixed; but the other imagining first, bound his thought. » Which though it did somewhat sink with me, yet I made it lighter than I thought, and said, « I thought it was confederacy between the juggler and the two servants: » though indeed I had no reason so to think; for they were both my father's servants, and he had never played in the house before. The juggler also did cause a garter to be held up, and took upon him to know that such an one should point in such a place of the garter; as it should be near so many inches to the longer end, and so many to the shorter; and still he did it, by first telling the imaginer, and after bidding the actor think.

Having told this relation, not for the weight thereof, but because *it doth handsomely open the nature of the question,* I return to that I said; that experiments of imagination must be practised by others, and not by a man's self. For there be three means to fortify belief : the first is experience; the second is reason; and the third is authority: and that of these which is far the most potent, is authority; for belief upon reason or experience will stagger » (*SS*, §946, p. 655-656 ; je souligne).

directions d'expérience, propose des instructions pour des expériences futures. L'anecdote précise en outre le rapport, dans le texte baconien, entre *experience* et *experiment*. Le sens général désigne l'ensemble des phénomènes observables aussi bien que l'expérience scientifique, tandis que le sens plus précis s'appuie sur une méthode. Par expérience, Bacon n'entend donc pas simplement l'observation des phénomènes naturels, mais bien la construction d'opérations permettant de tester le monde physique, et de procéder à des raisonnements : à la démarche passive de certaines sciences, Bacon oppose une démarche volontariste qui vise, en ses propres termes, à « contraindre la nature ». Il en réitère au demeurant la nécéssité au cours même du *Sylva Sylvarum*:

> Ansi, n'ayant à offrir au lecteur aucune expérience de cette nature, nous donnerons des indications ou directions, pour faire des essais en ce genre, dont le succès aura du moins quelque probabilité. Mais, quel que puisse être ce succès, le lecteur sévère et judicieux ne doit pas être étonné de nous voir quelquefois donner place dans cette collection, non seulement aux *expériences déjà faites*, mais même à des *expériences à faire*, et à de simples *indications*, ni regarder l'exposé qu'il va lire, comme une sorte d'anticipation ; car, celles de la première espèce ne dépendant pas de nous, nous sommes obligés de les prendre telles qu'elles se troufent, et nous contenter des lumières qu'elles peuvent nous fournir ; au lieu que celles du dernier genre étant tout-à-fait en notre disposition, du moins quant à la manière de les tenter, nous sommes, par cela seul, maîtres de les diriger avec plus de précision vers le grand but, vers la recherche des *causes* et la *confection* des *principes généraux*. (*SS*, §525, vol. 8, p. 312)[33]

Cette citation capitale résume toute la démarche philosophique de Bacon : faire l'inventaire de ce qui existe et qui est notoirement déficient, ouvrir la voie à de nouvelles expériences, ces nouvelles expériences étant les plus à même de mener aux causes et aux axiomes. Loin d'être un recueil d'instances plus ou moins documentées, la complexité du *Sylva Sylvarum* repose donc sur un équilibre entre expérience notée, expérience réalisée par Bacon, expérience à effectuer. L'anecdote résume alors ce travail de la philosophie. Irruption du non-systématique au sein du raisonnement, elle indique, dans sa fragilité même, l'inachèvement de la philosophie naturelle.

33 « Wherefore, wanting instances which do occur, we shall give directions of the most likely trials; and generally, we would not have those that read this our work of *Sylva Sylvarum* account it strange, or think that it is an over-haste, that we have set down particulars untried; for contrariwise, in our own estimation, we account such particulars more worthy than those that are already tried and known; for these latter must be taken as you find them; but the other do level point-blank at *the inventing of causes and axioms* » (*SS*, §525, p. 507-508 ; je souligne).

La fourmi enivrée au brandy : anecdote, observation et expérience au XVIIe siècle

FREDERIQUE AÏT-TOUATI (Université d'Oxford)

Raconter pour convaincre : l'ensemble du discours de la philosophie naturelle se trouve marqué et transformé par la modalité narrative au XVIIe siècle[1]. Steven Shapin et Simon Schaffer ont montré le rôle central joué par le récit dans la constitution des *matters of fact*, les résultats expérimentaux présentés comme indiscutables. Ces faits sont eux-mêmes le plus souvent le résultat d'une reconstitution narrative qui accumule les « circonstances » et retranscrit la chronologie détaillée des événements. Véritable « technologie littéraire », selon l'expression de Shapin, le récit circonstancié et détaillé transforme le lecteur en « témoin virtuel[2] » de l'expérience singulière du savant. La prolixité descriptive et le soin apporté à la présentation du dispositif observationnel offrent comme un substitut d'expérience effective. L'anecdote, en tant que récit d'un événement singulatif, correspond à cette nouvelle modalité des récits d'expérience qui se met en place au début du XVIIe siècle. Alors que l'étude de la nature se fondait traditionnellement, dans une perspective aristotélicienne, sur l'observation du cours « normal » des choses, l'entreprise baconienne telle qu'elle sera reprise ensuite en

1 Voir notamment les analyses des récits expérimentaux dans les travaux de Peter Dear et dans ceux de Steven Shapin et Simon Schaffer, *Leviathan and the air-pump : Hobbes, Boyle, and the experimental life*, Princeton UP, Princeton, 1985, ainsi que l'ouvrage de Christian Licoppe, *La formation de la pratique scientifique. Le discours de l'expérience en France et en Angleterre (1630-1682)*, La Découverte, Paris, 1996. Le récit expérimental, circonstancié, reprend en effet nombre de techniques littéraires au discours cosmographique et aux relations de voyage : centralité de l'observateur, autopsie, notation précise des circonstances. On retrouve là, transformés, certains traits constitutifs du genre du récit de voyage. Voir Frank Lestringant, « Le récit de voyage et la question des genres: l'exemple des Singularitez de la France Antarctique d'André Thevet (1557) », *Revue française d'histoire du livre*, 96-97, 1997, 249-264.

2 « La technique de l'observation virtuelle engage la production dans l'esprit du lecteur d'une image de la situation expérimentale capable de remplacer l'observation directe de l'expérience, ou sa répétition. L'observation virtuelle permettait de multiplier les témoins de l'expérience, en principe jusqu'à l'infini. C'était donc la plus puissante technique possible de constitution d'états de faits (*matters of fact*) », Stephen Shapin, *Pump and Circumstances*, p. 491-492 (nous traduisons).

France et en Angleterre pendant tout le XVIIe siècle propose de collectionner une multitude de faits expérimentaux. L'insistance sur les circonstances de l'expérience et de l'observation fait signe vers l'individuation de l'événement et simultanément de l'objet. L'anecdote telle qu'elle est pratiquée par les savants de la Royal Society interrompt le cours normal de la nature et inscrit dans le déroulement de l'observation la présence et l'intervention du savant. Ce faisant, l'histoire naturelle devient une vaste entreprise de collecte de récits d'interventions sur la nature, et plus seulement d'observations de la nature. C'est précisément le programme de la Royal Society tel que présenté par son historien Thomas Sprat :

> La [Royal] Society a réuni ses observations principales en un stock commun et les a exposées dans des registres publiques, afin qu'elles soient transmises sans ornement à la prochaine génération d'hommes, puis à leurs successeurs, car le but des membres de la Société était d'empiler une masse hétérogène d'expériences, sans les fondre dans un modèle parfait. Pour ce faire, ils se sont interdit tout ordre des sujets, et quel que soit ce qu'ils ont enregistré, ils l'ont fait non pas sous la forme de systèmes complets d'opinions, mais sous la forme de simples histoires inachevées.[3]

L'inachèvement des histoires, et de leur collection, n'est pas un défaut ; c'est bien plutôt la marque d'une investigation vagabonde de la nature. Parfaite illustration du précepte de Sprat, l'œuvre de Robert Hooke se présente sous la forme de collections éclectiques plutôt qu'exhaustives, selon le principe de l'échantillon[4]. Chez lui, la disposition des éléments et la méthode adoptée se rejoignent. Tels sont leurs principes communs : le refus de tout ordre préconçu, un inachèvement revendiqué, la variété des questions abordées. Le désordre fait sens, et doit être maintenu contre les conventions du genre traditionnel de l'écrit scientifique, caractérisé notamment par le respect d'un ordre conventionnel qui ne rend pas compte de l'ordre de la découverte.

Notre étude s'appuiera sur trois textes et sur deux anecdotes. Il s'agit de *Insectorum, Sive, Minimorum Animalium Theatrum*[5] de Thomas Muffet

---

3 « The *Society* has reduc'd its principal observations, into one *common-stock*; and laid them up in publique *Registers*, to be nakedly transmitted to the next Generation of Men; and so from them, to their Successors. And as their purpose was, to heap up a mixt Mass of *Experiments*, without digesting them into any perfect model: so to this end, they confin'd themselves to no order of subjects; and whatever they have recorded, they have done it, not as compleat Schemes of opinions, but as bare unfinished Histories. » Thomas Sprat, *History of the Royal Society*, *op. cit.*, Part II.

4 Sur ce point, voir Jim Bennett, Michael Cooper, Michael Hunter et Lisa Jardine, *London's Leonardo – the Life and Work of Robert Hooke*, Oxford University Press, 2003.

5 Thomas Muffet (or Moufet, Moffett, Muffett), *Insectorum, Sive, Minimorum Animalium Theatrum*. Londini: Ex officina Typographica Thom. Cotes et venales extant apud Guiliel. Hope, 1634. Cet ouvrage, publié posthume, est le résultat d'une collaboration entre

(1634), *Experimental Philosophy* de Henry Power (1663), et *Micrographia* de Robert Hooke (1665). Ces trois textes, qu'on pourrait réunir sous l'appellation de textes entomologiques puisqu'ils s'occupent de l'étude des insectes, sont très inégalement connus et commentés. Thomas Muffet (1553-1604), médecin et savant, est l'un des premiers entomologistes à proposer une étude détaillée des insectes. Son grand œuvre, le *Insectorum, Sive, Minimorum Animalium Theatrum*, publié après sa mort en 1634, est un traité d'entomologie dans le genre du *Theatrum*[6] : il s'agit d'un recueil d'entomologiste, à visée encyclopédique et cumulative. L'œuvre de Robert Hooke, « curator of experiments » de la Royal Society, est désormais bien connue. Pour Robert Hooke, le rôle des instruments optiques est explicitement de « compenser les infirmités des sens par les instruments, en ajoutant, pour ainsi dire, des organes artificiels aux organes naturels[7]». Réunissant des travaux fondateurs dans les domaines de la microscopie et de l'astronomie, son œuvre est emblématique d'un projet épistémique qui fonde le progrès du savoir sur l'avancée de la visibilité. Deuxième texte commandité et publié par la Royal Society[8] en 1665, *Micrographia* illustre la confiance de la Royal Society dans l'accomplissement de la philosophie naturelle au moyen des instruments. On oublie plus volontiers son prédécesseur direct en microscopie, Henry Power, l'un des premiers membres de la Royal Society. Il appartient, comme Hooke, à la première génération de *virtuosi* britanniques qui participe à la fondation de la Royal Society dans les années 1660. L'ouvrage de Power est publié en 1663, deux ans avant *Micrographia*, et il faut étudier de près leurs textes pour déceler une filiation de Thomas Muffet à Power, puis de Power à Hooke. En toute logique, on s'attend à trouver une divergence d'écriture et de méthode entre, d'une part, le texte du médecin écrit en 1580 avant l'invention du microscope, et, d'autre part, les deux textes écrits dans les années 1660 par les *fellows* de la Royal Society qui mettent à profit le microscope, récemment mis au point. Or l'étude des anecdotes dans chacun de ces trois textes met bien plutôt en lumière une forte filiation de Muffet à Power, puis une rupture entre Power et Hooke. Ici, l'avènement de la méthode expérimentale et l'invention du microscope ne

Muffet, Edward Wotton, Conrad Gesner et Thomas Penny. Nous ne citons dans le texte que Muffet pour des raisons pratiques.

6 Pour une étude approfondie du genre, voir Ann Blair, *Theatre of Nature*, Princeton UP, 1997.

7 Robert Hooke, *Micrographia; or, Some Physiological Descriptions of Minute Bodies Made by Magnifying Glasses with Observations and Inquiries Thereupon*. New York (London): Dover, 1961 (1665), Preface. Voir Michael Hunter et Simon Schaffer. *Robert Hooke: New Studies*. Woodbridge, Suffolk: Boydell, 1989, Introduction, p. 36-37.

8 Le premier était *Sylva* de John Evelyn, en 1664.

suffisent pas à rendre compte de l'évolution du texte scientifique. En suivant la reprise des mêmes anecdotes d'un auteur à l'autre, on observe, comme à travers une lentille, des modifications profondes dans la pratique et l'écriture de la science au moment de l'avènement de la philosophie expérimentale.

L'anecdote comme merveille

Le genre du *Theatrum* dont se réclame Muffet renvoie à la tradition du cabinet de curiosités, et à son chef de file, Quiccheberg, à qui Muffet rend hommage dans sa préface[9]. Muffet respecte strictement les conventions du genre. Chaque observation s'ouvre sur les différentes dénominations de l'insecte dans chaque langue et se prolonge par une brève *descriptio* illustrée par une petite gravure, en vignette, puis par une série de commentaires, contes et anecdotes compilés d'après Virgile, Homère ou Aristote. Descriptions étendues en brefs récits, selon la technique de l'hypotypose, les anecdotes du *Theatrum* ont pour but d'animer l'objet observé. Henry Power respecte et reprend en grande partie l'héritage de Muffet, même si son ouvrage intitulé *Experimental Philosophy* vise à démontrer l'intérêt et la supériorité du microscope dans l'étude de la nature. Intertexte principal autant que modèle de Power, l'ouvrage de Muffet lui fournit la plupart de ses métaphores, comparaisons et anecdotes. Un bon exemple de cette filiation de Muffet à Power est fourni par l'article consacré à la puce, premier article de l'ouvrage de Power. Je cite Power citant Muffet :

> J'ai vu une chaîne d'or (dans le fameux cabinet de Nouveautés des Tredescants) de trois cents maillons, mais pas plus longue qu'un pouce, attachée et tirée par une puce, comme celle, semble-t-il, que notre Muffet dit que Marcus et un anglais ont fabriquée. Mais écoutez ce qu'il dit ensuite, *Accepimus item a fide dignis, Pulicem sic Catena alligatum, Currum aureum perfecte suis numeris absolutum, nullo negotio traxisse, id quod & Artificis industriam & suas ipsius vires multim commendat [Muffet, de Insectis, lib. 2 cap. 28]*: nous avons entendu dire selon un rapport crédible, dit-il, qu'une puce a non seulement tiré une chaîne d'or, mais même un chariot d'or avec tout son harnachement et son attirail, ce qui a magnifiquement révélé l'art du fabricant et la force de l'animal ; par où

9 Sur l'histoire du Kunstkammer, voir Horst Bredekamp, *The Lure of Antiquity and the Cult of Machine: The Kunstkammer and the Evolution of Nature, Art, and Technology*, Princeton UP, 1995. Pour une explication de la théorie de Quiccheberg, voir en particulier p. 28-30.

> l'on voit bien la force de la puissance mécanique que la Providence a enfermée dans ces vivants murs de jais.[10]

Il y a là en fait non pas une, mais deux anecdotes imbriquées : celle de Power racontant ce qu'il a vu dans le cabinet de curiosités de Tredescants, (dont la collection originale se trouve désormais au Ashmolean Museum d'Oxford) et celle rapportée par Muffet du chariot d'or. Le texte combine donc, assez classiquement, différentes sources : le récit par autopsie (j'ai vu) de Power et le récit par ouï-dire de Muffet, le second représentant une surenchère peu vraisemblable par rapport au premier. Mais dans ce contexte, peu importe la vraisemblance. L'anecdote a ici une fonction toute symbolique : mettre en scène la force extraordinaire de la puce, sa puissance condensée dans un si petit corps. L'image frappante de la puce traînant un chariot d'or est l'acmé d'une description tout entière construite sur la métaphore filée du combattant et l'isotopie de la force. La puce de Power est une forteresse enclose dans de « vivants murs de jais », protégée de sa magnifique « armure noire et brillante[11]». La fonction de ce double récit, dont la force est accentuée par sa position finale dans le texte de Power, est de susciter une image forte, un émerveillement. On retrouve là bien sûr la fonction de l'*enargeia.* L'*enargeia,* résultat de l'*ekphrasis*, description détaillée capable de donner corps à l'objet ou à la scène décrite devant les yeux du lecteur (« *sub oculos subjectio* »)[12], peut être définie comme la capacité du langage à créer une présence vive. Rendre visible par les mots[13], c'est permettre au lecteur ou à

---

10 « I have seen a chain of gold (at Tredescants famous reconditory of Novelties) of three hundred links, though not above an inch long, both fastned to, and drawn away by a Flea, Such a like one it seems as our Muffet tells that one Marcus and English-man made. Nay hear what he saith further, *Accepimus item a fide dignis, Pulicem sic Catena alligatum, Currum aureum perfecte suis numeris absolutum, nullo negotio traxisse, id quod & Artificis industriam & suas ipsius vires multim commendat [Muffet, de Insectis, lib. 2 cap. 28]*: Yea, we have heard it credibly reported, saith he, that a Flea hath not onely drawn a gold Chain, but a golden Charriot also with all its harness and accoutrements fixed to it, which did excellently set forth the Artifice of the Maker, and Strength of the Drawer; so great is the mechanick power wich Providence has immur'd within these living walls of Jet. » Henry Power, *Experimental Philosophy, in Three Books, Containing New Experiments, Microscopical, Mercurial, Magnetical With some Deductions and Probable Hypotheses, raised from them, in Avouchment and Illustration of the now famous Atomical Hypothesis (1664)*, Johnson Reprint, Reprint, New York, 1966, Obs. 1.

11 Power, *ibid.*

12 Voir Perrine Galand-Hallyn, p. 99-100, ainsi que sur Barbara Cassin, « The Evidence of Phryne, or Phryne Stripped Bare by Rhetoric Even », in *Making Things Public. Atmospheres of Democracy*, éd. Bruno Latour and Peter Weibel, MIT Press, Cambridge, MA, 2005, p. 694-697.

13 Comme le souligne Barbara Cassin, « making the invisible visible is quite simply the power of the logos itself », Cassin, *op. cit.*, p. 697.

l'auditeur de se représenter la scène comme si elle se déroulait devant ses propres yeux, selon la fameuse définition de Quintilien :

> Non enim satis efficit neque, ut debet, plene dominatur oratio, si usque ad aures valet atque ea sibi iudex, de quibus cognoscit, narrari credit, non exprimi et oculis mentis ostendu.[14]
>
> Car un discours manque son plein effet et n'est pas aussi puissant qu'il le devrait s'il se contente de faire appel à l'ouïe, et si le juge a le sentiment que les faits dont il doit décider lui sont racontés et non pas montrés dans leur vive vérité devant les yeux de l'esprit.

De l'anecdote à l'image

Quand Hooke reprend et prolonge l'entreprise de ses prédécesseurs, Muffet et Power, il utilise nombre de leurs trouvailles et de leurs méthodes, leur empruntant notamment certains de leurs objets d'étude – insectes, matériaux, substances diverses. Cependant, il modifie profondément le rôle, la place et la portée des anecdotes. Il illustre ce faisant la transformation de la fonction et de la signification des anecdotes dans les textes scientifiques au cours du siècle. Chez Robert Hooke, ce ne sont plus les yeux de l'esprit (*oculis mentis*) qui sont sollicités, mais les yeux de chair. A lire l'article correspondant à l'anecdote de la puce dans *Micrographia* de Hooke, la filiation avec Power est évidente. Hooke reprend à Power – sans le citer – l'image de la puce armée, (« avec son armure noire étonnamment luisante [15]»), mais il substitue à la fabuleuse anecdote finale une gravure[16] (Fig. 1). A l'évidence, ce n'est plus l'anecdote mais l'image gravée qui a pour fonction de susciter l'émerveillement et de créer une image forte. Aux anecdotes de Power et de Muffet, dans la tradition de l'*enargeia*, Hooke substitue d'extraordinaires gravures qui combinent la précision de l'iconographie anatomique de la Renaissance et celle des dessins naturalistes caractéristiques de l'art flamand du XVIIe siècle. Il transforme ainsi les images en démonstration, et substitue à l'*enargeia* rhétorique la preuve visuelle, the *evidence*.

---

14 Quintilien, *Institutio Oratoria*, 8.3.62.

15 « with a curiously polished suit of sable Armour », Hooke, *Micrographia, op. cit.*, Observ. LIII Of a Flea, p. 210.

16 « There are many other particulars, which, being more obvious, and affording no great matter of information, I shall pass by, and refer the Reader to the Figure. » Hooke, *op. cit.*, p. 211.

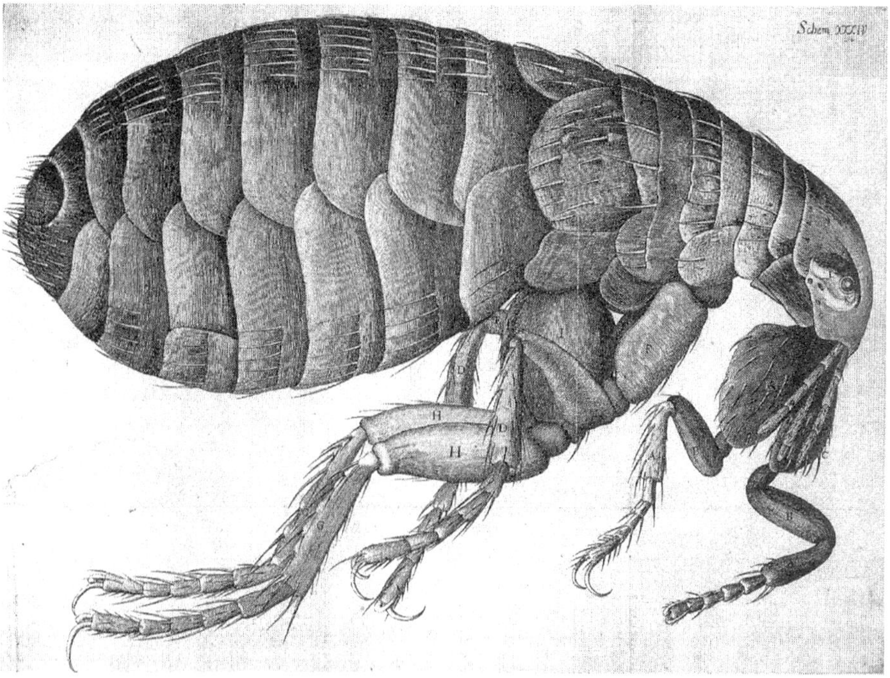

Fig. 1. Hooke, *Micrographia*, Scheme 34.

Cette disparition de l'anecdote est significative d'une transformation profonde de la manière de concevoir l'accumulation des faits. C'est bien contre l'usage systématique des références poétiques et mythologiques dans la description de la nature que Robert Hooke propose, dans la préface de *Micrographia*, une vaste « réforme en Philosophie ». L'un des enjeux d'une telle réforme est de substituer l'image à l'imagination. Il s'agit, en somme, de réformer le discours autant que la pratique de la philosophie naturelle. Hooke suggère de remplacer le travail suspect de l'imagination par l'application attentive de la vue aidée du microscope. Plus besoin, dès lors, d'échafauder des analogies ni de recourir à des anecdotes plus ou moins fabuleuses pour fournir des images à l'entendement. Le réel, dévoilé tel qu'en lui-même par l'examen minutieux d'un œil surpuissant, ne requiert plus qu'un simple enregistrement, au moyen d'« une main sincère et un œil fidèle, pour examiner et enregistrer les choses elles-mêmes, telles qu'elles apparaissent[17]». Le vaste recueil d'anecdotes que constitue le *Theatrum* de Muffet est remplacé par un livre d'images.

17 « a sincere Hand and a faithful Eye, to examine, to record, the things themselves, as they appear », Hooke, *Micrographia, op. cit.*, Preface.

Quand les techniques descriptives de Muffet et Power s'appuyaient sur une rhétorique cumulative, un savoir encyclopédique pour produire un texte mêlant observations originales et anecdotes de seconde main, les dessins de Hooke mettent en place un nouveau type d'équivalent entre la nature, les gravures et les descriptions textuelles. Ce faisant, Hooke supprime la médiation textuelle caractéristique de l'*ekphrasis* et lui substitue un schéma d'équivalence permettant la circulation de la preuve de la nature au regard de l'observateur, des sens aux facultés intellectuelles, de la raison à la main, de la main au dessin, en une chaîne ininterrompue :

> Si nombreux sont les maillons dont dépend la véritable Philosophie que, si un seul vient à manquer, ou à s'affaiblir, la chaîne tout entière menace de se dissoudre ; elle doit partir des Mains et des Yeux, passer par la Mémoire, puis se poursuivre dans la Raison ; encore ne doit-elle pas s'y arrêter, mais doit revenir aux Mains et aux Yeux de sorte que, par une circulation continuelle d'une Faculté à une autre, elle doit être maintenue vive et puissante, autant que le corps de l'homme est maintenu en vie par la circulation du sang à travers les différentes parties du corps, les Bras, le Ventre, les Poumons, le Cœur, et la Tête.[18]

Est-ce à dire que l'image visuelle se substitue à l'image textuelle fournie par l'anecdote ? Certes non. La visualisation ne se substitue pas à la poétique de l'émerveillement, mais s'y ajoute. Hooke n'abandonne pas les stratégies textuelles de représentation imagée utilisées avant lui par Henry Power et Thomas Muffet. Bien plus, il emprunte à Power, on l'a vu, nombre de ses métaphores. L'imagination est sans cesse sollicitée afin de suggérer la force, la puissance, ou la beauté des créatures minuscules qu'il découvre, et elle conserve un rôle central dans l'accès à la connaissance de l'invisible. Mais à la différence de Power, Hooke appuie toujours l'analogie et le discours métaphorique sur une image dessinée[19]. La différence principale entre Power et

18 « So many are the links, upon which the true Philosophy depends, of which, of any one be loose, or weak, the whole chain is in danger of being dissolved ; it is to begin with the Hands and Eyes, and to proceed on through the Memory, to be continued by the Reason ; nor is it to stop there, but to come about to the Hands and Eyes, again, and so, by a continual passage round from one Faculty to another, it is to be maintained in life and strength, as much as the body of man is by the circulation of the blood through the several parts of the body, the Arms, the Flat, the Lungs, the Heart, and the Head ». Hooke, *op. cit.*, Preface. On a conservé ici les majuscules originales qui mettent en relief plusieurs analogies importantes : les « Mains » et les « Yeux » sont haussés au statut de « Facultés » ; puis, dans un deuxième temps, les facultés sont elles-mêmes comparées aux organes du corps humain. C'est là une métaphore organiciste topique (le « Corps de la Philosophie ») mais que Hooke resémantise en lui injectant un sens absolument physique.

19 Il explicite lui-même ainsi le rapport convenable du texte et de l'image, expliquant que l'image ne s'impose que si elle est plus économique. Dans le cas inverse, elle devient

Hooke réside ainsi dans leurs définitions respectives de la « preuve » visuelle. La « démonstration oculaire[20]» que Power propose n'est, paradoxalement, pas visible. Elle traduit simplement la définition traditionnelle de l'*enargeia*. Au texte incombe la fonction démonstrative. Dans *Micrographia* en revanche, la « preuve *ad oculum* » en est la version littérale, et, pour ainsi dire, matérialisée.

L'importance nouvelle dont les images sont investies ne peut donc s'expliquer par la rupture entre une pensée analogique et poétique qui serait caractéristique de la Renaissance d'une part, et la disparition de cette pensée analogique avec l'avènement de la nouvelle science d'autre part. Les évolutions que nous avons notées de Muffet à Hooke s'expliquent plutôt, semble-t-il, par le développement de techniques de visualisation qui permettent d'*affermir* une telle logique, de *confirmer* l'analogie entre le macrocosme et le microcosme, et d'*ajouter* à l'image poétique une saisissante image visuelle. Car l'extraordinaire vertu du microscope n'est pas seulement de dévoiler l'invisible. L'instrument permet surtout un changement d'échelle : il transforme provisoirement le microscopique en macroscopique, et autorise la confrontation directe des machines de l'un et de l'autre domaine. Devenues commensurables sur la page, les machines de la nature et de l'homme manifestent spectaculairement un fonctionnement similaire, révélant non seulement leur analogie, mais leur homologie. Loin de disparaître, l'analogie renaissante entre le microcosme et le macrocosme s'accomplit dans la démonstration visuelle du fonctionnement mécaniste de la nature.

superflue et donc ornementale, ce que le Curator condamne : « Now because oftentimes much more may be expressed in a small Picture of the thing, than can be done by a Description of the same thing in as many words as will ill a Sheet; it will be often necessary to add the Pictures of those Observables that will not otherwise be so fully and sensibly exprest by Verbal Description : But in the doing of this, as a great Art and Circumspection is to be used in the Delineation, so ought there to be very much Judgment and Caution in the use of it. For the Pictures of things which only serve for Ornament or Pleasure, or the Explication of such things as can be better describ'd by words is rather noxious than useful, and serves to divert and disturb the Mind, and sways it with a kind of Partiality or Respect ». Hooke, *Of the True Method of Building a Solid Philosophy, or of a Philosophical Algebra*. Cité par John T. Harwood, « Rhetoric and Graphics in *Micrographia* », in *Robert Hooke: New Studies*, éd. Michael Hunter and Simon Schaffer, Boydell, Woodbridge, Suffolk, 1989, p. 119.

20 Power, *op. cit.*, p. 22.

L'expérimentateur mis en scène : l'anecdote vitale

Cette importance nouvelle de l'image ne signifie pas pour autant la disparition des anecdotes. Désormais prise en charge par le dessin, la description peut laisser place à la narration, qui envahit le texte expérimental. A bien des égards, la structure cumulative de *Micrographia* hérite de l'esthétique de la collection tout en la réformant. Les anecdotes tirées des anciens sont remplacées par des anecdotes vécues et présentées comme telles.

La section consacrée à la fourmi dans *Micrographia* en offre un exemple éloquent. Comme souvent chez Hooke, la description de l'animal lui-même est déléguée à la gravure (Fig. 2). Le texte proprement dit de l'observation est le récit d'une difficulté surmontée : comment saisir la fourmi dans une posture naturelle tout en l'immobilisant sous la lentille du microscope ? L'anecdote est racontée en trois moments. D'abord, le constat du problème pour observer et dessiner la fourmi : « c'est une créature, dit Hooke, plus difficile à dessiner que toute autre ». Elle se sauve lorsqu'on la place sous un microscope, et son corps est distordu lorsqu'on essaye de la coller ou de la tuer : « car la nature de ces corps minuscules veut que, dès qu'on les prive de leur vie, leurs membres se contractent et perdent leur beauté »[21]. Une goutte de brandy est ce qui permet au microscopiste de l'immobiliser sans la tuer et de la représenter sur le vif :

> Je pris la créature que j'avais décidé de dessiner, et la plaçai dans une goutte d'esprit de vin rectifié, qui, comme je l'avais remarqué, allait assommer, en quelque sorte, l'animal. Une fois retiré du liquide et posé sur un papier, et après évaporation de l'esprit de vin, l'animal est sec, et dans sa posture naturelle, ou du moins, dans un état qui permet facilement de le placer dans la posture souhaitée à l'aide d'une épingle. Les pattes restent alors dans cette position sans bouger ni se dessécher.[22]

---

21 « This was a creature, more troublesome to be drawn, then any of the rest, for I could not, for a good while, think of a way to make it suffer its body to lie quiet in a natural posture; but whilst it was alive, if its feet were fettered in Wax or Glew, it would so twist and wind its body, that I could not any wayes get a good view of it ; and if I killed it, its body was so little, that I did often spoil the shape of it, before I could thoroughly view it: for this is the nature of these minute Bodies, that as soon, almost, as ever their life is destroyed, their parts immediately shrivel, and lose their beauty. » Hooke, *Micrographia, op. cit.*

22 « I took the creature, I had designed to delineate, and put it into a drop of very well rectified spirit of Wine, this I found would presently dispatch, as it were, the Animal, and being taken out of it, and lay'd on a paper, the spirit of Wine would immediately fly away, and leave the Animal dry, in its natural posture, or at least, in a constitution, that it might

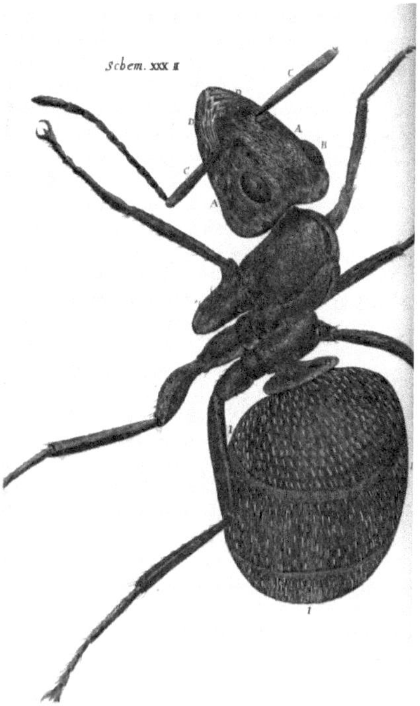

Fig. 2. Hooke, *Micrographia*, Scheme 49.

Il ne s'agit pas ici d'une simple observation mais d'une intervention. La nuance est d'importance : chez Hooke, l'observation est aussi une « experiment ». Elle nécessite la mise en place d'un protocole, dont il peut raconter le déroulement précis, à un moment donné, avec une fourmi particulière. Le troisième et dernier moment fait le récit de l'observation elle-même :

> Après avoir pris au piège plusieurs fourmis dans une petite boîte, je choisis la plus grosse d'entre elles, et, la séparant des autres, je versai sur elle une goutte de Brandy, ou esprit de vin, ce qui après quelque temps l'assomma et la rendit ivre morte, de sorte qu'elle ne bougea plus, même si au début, lorsque je versai le Brandy, elle se débattit beaucoup pendant un moment jusqu'à ce que finalement des bulles sortent de sa bouche et qu'elle cesse de bouger ; comme j'avais remarqué auparavant qu'elles se rétablissaient rapidement, si on les sortait de l'alcool à ce moment-là, je la laissai une heure dans l'alcool, et après l'en avoir sortie, et placé son corps et ses pattes dans une posture naturelle, elle resta tranquille pendant une heure. Mais ensuite, brusquement, comme si elle avait été tirée d'un sommeil éthylique, elle se ranima soudain et s'enfuit. Je l'attrapai et lui servit de l'alcool comme la première fois, elle se débattit et lutta pendant un moment jusqu'à ce que des bulles sortent de sa bouche et que, tanquam animam

---

easily with a pin be placed, in what posture you desired to draw it, and the limbs would so remain, without either moving, or shrivelling. » Hooke, *Micrographia, op. cit.*

> expirasset, elle reste immobile pendant un bon moment ; mais finalement elle se rétablit à nouveau, fut à nouveau plongée dans l'alcool et y resta quelques heures. Malgré cela, après être restée au sec pendant trois ou quatre heures, elle recouvra à nouveau la vie et le mouvement. De telles expériences, si elles étaient poursuivies comme elles le méritent, me semblent être très utiles à la découverte du Schéma Latent (comme le noble Verulam le nomme), c'est-à-dire à la découverte de la structure cachée et inconnue des corps.[23]

Comique de répétition, singularité de cette scène de lutte entre l'expérimentateur et la fourmi, résistance de la fourmi à l'alcool, miracle de ses trois renaissances successives, ingéniosité de l'expérimentateur : on a là tous les ingrédients d'une anecdote réussie – brève, singulière, surprenante et drôle. Mais le sujet de l'anecdote a changé. Cette anecdote nous renseigne moins sur les qualités de la fourmi que sur celles de l'observateur. On est passé de la mise en scène de l'objet observé à la mise en scène de l'observation elle-même : c'est là un élément essentiel de la rhétorique du discours expérimental, insistant sur le travail et les trouvailles de l'expérimentateur. L'anecdote participe ainsi de la construction de l'*ethos* du savant. Le récit de la fourmi ivre confère à Hooke certaines qualités : ingéniosité, respect de la vie animale, exigence de vérité. Elle permet, en somme, de faire le portrait de l'expérimentateur en honnête homme, en *virtuoso*. A l'époque, et encore aujourd'hui, la réputation de Hooke est loin d'être enviable. On le décrit volontiers comme un homme solitaire et ombrageux, avare et querelleur – à cause notamment de ses disputes avec Huygens et Newton. Portrait fortement infléchi et adouci si l'on prend en compte les multiples auto-portraits que constituent les anecdotes expérimentales de *Micrographia* qui dépeignent l'auteur en homme intègre et ingénieux. A l'inverse de Power et des anato-

23 « Having ensnared several of these into a small Box, I made choice of the tallest grown among them, and separating it from the rest, I gave it a Gill of Brandy, or Spirit of Wine, which after a while knock'd him down dead drunk, so that he became moveless, though at first putting in he struggled for a pretty while very much, till at last, certain bubbles issuing out of its mouth, it ceased to move; this (because I had before found them quickly to recover again, if they were taken out presently) I suffered to lye above an hour in the Spirit; and after I had taken it out, and put its body and legs into a natural posture, remained moveless about an hour; but then, upon a sudden, as if it had been awaken out of a drunken sleep, it suddenly revived and ran away; being caught, and served as before, he for a while continued struggling and striving, till at last there issued several bubbles out of its mouth, and then, *tanquam animam expirasset*, he remained moveless for a good while; but at length again recovering, it was again redipt, and suffered to lye some hours in the Spirit; notwithstanding which, after it had layen dry some three or four hours, it again recovered life and motion: Which kind of Experiments, if prosecuted, which they highly deserve, seem to me of no inconsiderable use towards the invention of the *Latent Scheme*, (as the Noble *Verulam* calls it) or the hidden, unknown Texture of Bodies. » Hooke, *Micrographia, op. cit.*

mistes qui dissèquent l'objet qu'ils étudient, Hooke laisse les animaux intacts : il s'agit de montrer un fonctionnement, un mécanisme. Dans le cas des insectes par exemple, Hooke cherche à comprendre l'articulation et le mouvement de chaque membre l'un par rapport à l'autre, comme dans le cas de l'aile de la mouche qu'il dessine pliée puis dépliée. Ainsi le plus souvent, il faut le souligner, les gravures expressives de *Micrographia* révèlent une nature non seulement vive, mais en vie. En multipliant les angles de vue, les différentes étapes de l'observation[24] visent cet effet d'une nature saisie dans sa vérité, telle une photographie, ou plutôt, tel un tableau hollandais[25]. Les petits animaux de Hooke sont moins des « natures mortes » que des « *still lives* ».

Cette observation de l'insecte ivre prend une tonalité comique inattendue, tout comme l'observateur qui se trouve forcé de la plonger à plusieurs reprises dans l'alcool pour la maintenir dans un sommeil éthylique propice au dessin. De l'anecdote comme merveille (version narrative du cabinet de curiosités), on est passé à l'anecdote comme « effet de réel ». L'anecdote n'est plus seulement un échantillon remarquable, rare ou significatif, prélevé dans le grand livre de la nature ; elle ne raconte pas une simple observation mais une intervention, et devient à ce titre une « anecdote expérimentale » ou « anecdote vitale » pour reprendre l'expression de Deleuze. L'anecdote sert moins à visualiser et à animer l'objet observé que l'observateur, mis en scène dans sa gestuelle et sa pratique expérimentale.

C'est ainsi sans doute qu'on peut comprendre la structure paratactique caractéristique des textes de Hooke, de *Micrographia* aux *Cutlerian Lectures*. La nouvelle poétique du discours scientifique qu'il met en place vise à protéger les précieuses découvertes et à les isoler des éléments inutiles :

> Le *matter of fact* étant le noyau que les lecteurs recherchent généralement (du moins dans ces sujets), il sera d'autant plus prêt à être utilisé s'il est dégagé de la carapace dure et épaisse des superfluités.[26]

La métaphore du noyau dit à la fois la concentration stylistique nécessaire et le caractère précieux de la trouvaille. A la *copia* du commentaire ou du traité s'oppose la formulation concentrée et lapidaire du *kernel* (noyau), du fait. La

24 « I indeavoured first to discover the true appearance, and next to make a plain representation of it. [...] And therefore I never began to make any draught before by many examinations in several lights, and in several positions to those lights, I had discovered the true form. » Hooke, *op. cit.*, Preface.

25 Voir Svetlana Alpers, *The Art of Describing*, University of Chicago Press, Chicago, 1983, chapitre 3.

26 Hooke, *An Attempt to prove the motion of the Earth by observation*, *op. cit.*, « To the Reader ».

métaphore du grain ou du noyau illustre la nécessaire concentration formulaire de la « vérité ». Cette stylistique du fait évoque celle de l'aphorisme : présent gnomique, style assertif, clôture de l'énoncé sur lui-même. Les anecdotes répondent parfaitement aux exigences de cette écriture scientifique réformée : efficacité, rapidité, économie, spécialisation sur un point précis. Les avantages se mesurent en termes de contenu (il ne faut conserver que les éléments utiles et nouveaux, et véritablement informatifs), de collaboration entre savants, d'efficacité (cela requiert moins de temps de rédaction) et de réception (la variété rend la lecture plus facile). Cet usage de l'anecdote comme noyau factuel est significatif d'une profonde transformation du discours scientifique. L'anecdote expérimentale n'est plus seulement un micro-récit inséré à l'intérieur du discours du savoir. Elle devient le constituant élémentaire du discours expérimental, sa matière première, son noyau.

Dans la poétique de la nouvelle science expérimentale, l'expérience publique remplace l'*auctoritas* des textes. Le témoignage d'un seul homme ne fait pas preuve, fût-ce dans le cadre expérimental. Or c'est justement la caractéristique des observations faites au moyen d'un microscope. Lorsque l'autorité du compte rendu ne peut plus se fonder sur la présence de plusieurs personnes dignes de foi pouvant témoigner de l'événement (expérience ou observation), le processus d'accréditation s'en trouve gravement compromis. Robert Hooke apporte une résolution originale au problème posé par l'observation microscopique en s'appuyant, plus encore que ses collègues de la Royal Society, sur les techniques littéraires disponibles, en premier lieu le récit expérimental et anecdotique. Car l'anecdote est un moyen d'accréditer le geste expérimental. En insistant sur le moindre détail, Hooke donne au lecteur l'assurance d'une observation à la fois totale et fidèle. Le détail du brandy peut sembler inutile à la caractérisation de l'animal observé. Sa fonction, de fait, est bien plutôt de signaler, par la précision même du récit anecdotique, la singularité de l'expérience menée à un moment donné et en un lieu précis. L'anecdote prosaïque ajoute un « effet de réel » pourrait-on dire, et garantit, par la prolixité des détails circonstanciés, un récit véridique.

Le discours scientifique du XVIIe siècle, on l'a vu au fil de l'ouvrage, oscille entre l'exhibition de l'anecdote comme paradigme du « matter of fact », et son effacement comme part secrète, indigne, destinée à être reléguée dans les archives, aux côtés des ébauches et des erreurs. Par son usage démonstratif du fait et la pratique de la collecte qu'il met en place, Robert Hooke se situe clairement du côté des défenseurs de l'anecdote, non plus textuelle, héritée et transmise, mais vitale et vécue. Loin de se réduire aux prémisses de la « science amusante », l'anecdote de la fourmi enivrée donne à voir la science expérimentale en action.

Bibliographie

Sources Primaires

Le Parangon de nouvelles [1531], éd. Gabriel A. Pérouse, Genève, Droz, 1979.

Physiologos. Le bestiaire des bestiaires, éd. et trad. Arnaud Zucker, Grenoble, Jérôme Million, 2004.

Aubrey, John : *Brief Lives, Chiefly of Contemporaries*, edited from the author's manuscripts by Andrew Clark, Oxford, Clarendon Press, 1898.

Aubrey, John : *Brief Lives* [écrites entre 1669 et 1696], éd. critique John Buchanan-Brown, London, Penguin Classics, 1999.

Bacon, Francis : *Sylva Sylvarum : or a Natural History, in ten centuries*, [1627] *in Collected Works of Francis Bacon*, ed. J. Spedding, R.E. Ellis et D.D. Heath, rptd. London, Routledge and Thoemme Press.

Bacon, Francis : *Sylva Sylvarum*, dans *Oeuvres* de François Bacon, traduites par Antoine de Lasalle, Dijon, 1799-1802.

Bacon, Francis : *Novum Organum*, édition et traduction de Michel Malherbe et Jean-Marie Pousseur, Paris, Presses universitaires de France, 1986.

Belon, Pierre : *Histoire de la nature des oyseaux* (1555), éd. P. Glardon, Genève, Droz, 1997.

Bernier, François : *Abrégé de la philosophie de Gassendi* (1678), t. VI, Paris, Fayard, « Corpus des œuvres de philosophie en langue française », 1992.

Boaistuau, Pierre : *Histoires prodigieuses les plus memorables qui aient esté observées* [...], Paris, Vincent Sertenas, 1560.

Brantôme, *Discours sur les colonels de l'infanterie de France*, éd. Étienne Vaucheret, Paris et Montréal, J. Vrin et Cosmos, 1973.

Buffon, *Premier discours. Sur la manière d'étudier et de traiter l'histoire naturelle (1749),* dans *Œuvres philosophiques*, éd. J. Piveteau, Paris, PUF, 1954.

Cardano, Girolamo : *De Subtilitate,* Nuremberg, J. Petreius, 1550.

Les livres de Hierome Cardanus, medecin milanois, intitulez de la subtilité [...], *traduit du latin en François par Richard Le Blanc,* [1556], Paris, P. Cavellat, 1578.

Cavendish, Margaret : *Observations upon Experimental Philosophy to Which Is Added the Description of a New Blazing World*, London 1666.

Bonaventure Des Périers, *Nouvelles recreations et joyeux devis, I-XC* [1558], éd. Krystyna Kasprzyk, Paris, STFM, 1980.

Élien, *La Personnalité des animaux. Livres X à XVII*, Épilogue, trad. A. Zucker, Paris, Belles Lettres, 2002.

Flamel, Nicolas, *Écrits alchimiques*, éd. Didier Kahn, Les Belles Lettres, coll. « Aux Sources de la Tradition », 1993.

Fontenelle, *Entretiens sur la pluralité des mondes*, Paris, Veuve Blageart, 1686.

Fontenelle, *Œuvres complètes*, coll. « Corpus des œuvres de philosophie en langue française », 7 vol., Paris, Fayard, 1990-1996.

Gassendi, Pierre : *Vie de l'illustre Nicolas-Claude Fabri de Peiresc*, trad. Roger Lassalle et Agnès Bresson, Paris, Belin, coll. « Un savant, Une époque », 1992, p. 89.

Gauchet, Claude : *Plaisirs des champs, avec la venerie, volerie et pescherie, poeme en quatre parties* [1583], 1604, éd. Prosper Blanchemain, Paris, A. Franck, 1869.

Gesner, Conrad : *Historiæ animalium liber III., qui est de avium natura*, Zurich, C. Froschauer, 1555.

Hooke, Robert : *An Attempt to prove the Motion of the Earth*, Printed by T.R. for John Martyn Printer to the Royal Society at the Bell in St. Pauls Church-yard, London, 1674.

Hooke, Robert : *Micrographia; or, some Physiological Descriptions of Minute Bodies Made by Magnifying Glasses with Observations and Inquiries Thereupon (1665)*, Dover, New York ; London, 1961.

Joubert, Laurent : *Traité du ris, contenant son essance, ses causes, et mervelheus effais, curieusement recerchés, raisonnés et observés*, Paris, N. Chesneau, 1579.

de La Fontaine, Jean : *Fables*, XI, 9, éd. Marc Fumaroli, Paris, Pochothèque, 1985.

Le Choyselat, Prudent : *Discours œconomique, non moins utile que recreatif, monstrant comme par le mesnagement de poulles, de cinq cens livres, pour une fois employées, l'on peult tirer par an quatre mil cinq cens livres de proffit honneste* [1569], Paris, Nicolas Chesneau, 1581.

de Mailly, Louis : *Les Aventures des trois princes de Serendip*, suivi de *Voyage en sérendipité* par D. Goy-Blanquet, M-A. Paveau et A. Volpilhac, Les Editions Thierry Marchaisse, Paris, 2011.

Montaigne, *Essais*, II, 12 (« Apologie de Raimond Sebond »), éd. P. Villey, Paris, PUF, « Quadrige », 1988.

Muffet (or Moufet, Moffett, Muffett), Thomas : *Insectorum, Sive, Minimorum Animalium Theatrum*. Londini: Ex officina Typographica Thom. Cotes et venales extant apud Guiliel. Hope, 1634.

Paré, Ambroise : *Œuvres d'Ambroise Paré, conseiller et premier chirurgien du roy*, Lyon, Claude Prost, 1641.

Pascal, Blaise : *Entretien avec Sacy sur la philosophie*, Arles, Actes Sud, 2003.

Plutarque, *Œuvres morales et mêlées*, trad. Amyot, Paris, Vascosan, 1572.

Plutarque, *Vie de Périclès*, texte établi et traduit par R. Flacelière et E. Chambry, Paris, CUF, 1969.

Plutarque, *Vies parallèles* (dir. François Hartog), Paris, Gallimard, coll. « Quarto », 2001.

Power, Henry : *Experimental Philosophy, in Three Books, Containing New Experiments, Microscopical, Mercurial, Magnetical With some Deductions and Probable Hypotheses, raised from them, in Avouchment and Illustration of the now famous Atomical Hypothesis (1664)*, Johnson Reprint, Reprint, New York, 1966.

Sexti Philosophi Pyrrhoniarum Hypotyposeωn libri iii, trans. Henri Estienne, Paris, 1562.

Sextus Empiricus, *Esquisses pyrhonniennes*, trad. et éd. Pierre Pellegrin, Paris, Seuil, 1997.

Sorbin, Arnauld : *Tracatus de montris*, Paris, *ap.* Jérôme de Marnef *et* Guillaume Cavellat, 1570.

Sorbin, Arnauld : *Traité des montres*, trad. F. de Belleforest *in* Boaistuau, *Histoires prodigieuses*, Anvers, G. Jansens, 1594.

Sprat, Thomas : *History of the Royal Society*, facs. ed. Jackson I. Cope and Harold Jones, Washington University Press, Saint Louis, 1958.

Voltaire, *Éléments de la philosophie de Newton, Œuvres Complètes*, éd. critique Robert L. Walters et W.H. Barber, Oxford, Taylor Institution, 1992, t. 15.

Willughby, Francis : *Ornithologiæ libri tres, in quibus aves omnes hactenus cognitæ, in methodus naturis suis convenientem redactæ, accurate describuntur*, ed. John Ray, London, John Martyn, 1676.

Willughby, Francis : *The Ornithology in three books; to which are added three considerable discourses, I. Of the art of fowling, II. Of the ordering of singing birds, III. Of falconry, by John Ray*, translated into English by John Ray, Londres, John Martyn, 1678.

Sources Secondaires

The Faber Book of Anecdotes, éd. Clifton Fadiman, Boston/Toronto, Little, Brown &Co, 1985.

Aït-Touati, Frédérique : *Contes de la Lune. Essai sur la fiction et la science modernes*, Paris, Gallimard, 2011.

Alpers, Svetlana : *The Art of Describing*, Chicago, The University of Chicago Press, 1983.

Van Andel, Pek, Danièle Bourcier : *De la sérendipité dans la science, la technique, l'art et le droit. Leçons de l'inattendu*, Chambéry, L'act Mem, coll. « Libres Sciences », 2009.

Barber, William H. : « Le Newton de Voltaire », *Cirey dans la vie intellectuelle. La réception de Newton en France*, Oxford, Voltaire Foundation, 2001, p. 115-125.

Bennett, Jim, Michael Cooper, Michael Hunter et Lisa Jardine : *London's Leonardo – the Life and Work of Robert Hooke*, Oxford University Press, 2003.

Bredekamp, Horst : *The Lure of Antiquity and the Cult of Machine: The Kunstkammer and the Evolution of Nature, Art, and Technology*, Princeton UP, 1995.

Brémond, Claude, Jacques le Goff, Jean-Claude Schmitt (ed.) : *L'« exemplum »*, Louvain-la-Neuve, Turnhout-Belgium, Brepols, 1982.

de Bruyn, Frans : « The Classical Silva and the Generic Development of Scientific Writing in Seventeenth-Century England », *New Literary History* 32.2 (2001).

Busson, Henri : *Le Rationalisme dans la littérature française de la Renaissance*, Paris, Vrin, 1957 (2e éd.).

Canguilhem, Georges : *Le Normal et le pathologique*, Paris, PUF, coll. Quadrige, 1972.

Cassin, Barbara : « The Evidence of Phryne, or Phryne Stripped Bare by Rhetoric Even », in *Making Things Public. Atmospheres of Democracy*, éd. Bruno Latour and Peter Weibel, MIT Press, Cambridge, MA, 2005, p. 694-697.

Cassirer, Ernst : *Individu et cosmos dans la philosophie de la Renaissance*, Paris, éditions de Minuit, 1987.

Cave, Terence : *Préhistoires. Textes troublés au seuil de la modernité*, Genève, Droz, 1999.

Céard, Jean : *La Nature et les prodiges. L'insolite au XVIe siècle en France*, Genève, Droz, 1977.

Céard, Jean : « La curiosité et la science naturelle, à la Renaissance », dans *La Curiosité à la Renaissance*, éd. J. Céard, Paris, Sedes, 1986, pp. 14-18.

Charbonneau, Frédéric : *L'art d'écrire la science : anthologie de textes savants du XVIIIe siècle français*, Rennes, Presses universitaires de Rennes, 2006.

Chareix, Fabien : *Le mythe Galilée*, Paris, Presses universitaires de France, 2002.

Cherpack, Clifton : *Logos in Mythos : Ideas and Early French Narrative*, French Forum, Lexington, 1983.

Dandrey, Patrick : *La Fabrique des fables. Essai sur la poétique de La Fontaine*, Paris, Klincksieck, 1992.

Daston, Lorraine : « Baconian Facts, Academic Civility, and the Prehistory of Objectivity », *Annals of Scholarship*, 8, 1991, p. 337-63.

Daston, Lorraine : « Strange Facts, Plain Facts, and the Texture of Scientific Experience in the Enlightenment », dans *Proof and Persuasion : Essays on Authority, Objectivity, and Evidence*, éd. S. Marchand and E. Lunbeck, Brepols, Turnhout, 1996, p. 42-59.

Daston, Lorraine, Katharine Park : « Unnatural Conceptions : The Study of Monsters in Sixteenth- and Seventeenth-Century France and England », *Past and Present*, 92, 1981, p. 21-54.

Daston, Lorraine, Katharine Park : *Wonders and the Order of Nature, 1150-1750*, New York, Zone Books, 2001.

David, Jean-Michel : Présentation de *Rhétorique et histoire, L'*exemplum *et le modèle de comportement dans le discours antique et médiéval », Mélanges* de l'École française de Rome, Moyen Age-Temps modernes, Palais Farnèse, Rome, MEFRM, t. 92, 1980.

Davidson, Hugh M. : « Voltaire Explains Newton : An Episode in the History of Rhetoric », *The Dialectic of discovery : essays on the teaching and interpretation of literature presented to Lawrence E. Harvey*, éd. John D. Lyons et Nancy J. Vickers, Lexington, French forum, 1984. p. 72-82.

Dear, Peter : « Narrative, anecdotes and experiments : turning experience into science in the 17th century », in *The literary structure of scientific argument : historical studies*, éd. Peter Dear, Pennsylvania University Press, Pennsylvania, 1991, p. 135-163.

Dear, Peter : *Discipline and Experience. The Mathematical Way in the Scientific Revolution*, Chicago, University of Chicago Press, 1995.

Dear, Peter : « *Totius in verba.* Rhetoric and Authority in the Early Royal Society », dans *The scientific enterprise in early modern Europe : readings from « Isis »*, éd. Peter Dear, Chicago/London, University of Chicago press, 1997, p. 255-272.

Delort, Robert : *Les Animaux ont une histoire*, Paris, Seuil, 1984.
Disraeli, Isaac : « Literary Anecdotes » in *The works of Isaac Disraeli*, London, Routledge, vol. 2, 1859.
Fara, Patricia : *Newton : The Making of Genius*, New York, Columbia University Press, 2002.
Findlen, Paula : « Natural History », dans *The Cambridge History of Science. 3. Early Modern Science*, éd. Katharine Park et Lorraine Daston, Cambridge University Press, 2006, pp. 435-468.
Fineman, Joel : « The History of the *Anecdote*: Fiction and Fiction », in *The New Historicism*, éd. H. Aram Veeser, Routledge, New York and London, 1989, pp. 49-76.
Fontaine, Marie Madeleine : « Plaisirs, hospitalité et profit : la maison des champs dans la littérature de la Renaissance française », dans *Maisons des champs dans l'Europe de la Renaissance*, Actes des premières Rencontres d'Architecture européenne 10-13 juin 2003, ét. réunies par Monique Châtenet, Paris, Picard, 2006, pp. 9-48.
Foucault, Michel : *Les Mots et les Choses. Une archéologie des sciences humaines*, Paris, Gallimard, 1966.
French, Roger : *Ancient Natural History. Histories of Nature*, London – New York, Routledge, 1994.
Friedrich, Udo : *Naturgeschichte zwischen artes liberales und frühneuzeitlicher Wissenschaft. Conrad Gessners « Historia animalium » und ihre volkssprachliche Rezeption*, Tübingen, Max Niemeyer Verlag, 1995.
Fumaroli, Marc : « Des "Vies" à la biographie : le crépuscule du Parnasse », *Diogène,* Paris, Gallimard, n°139, juillet-septembre 1987.
Genette, Gérard : *Figures III*, 1972, Seuil, coll. « Poétique », 1972.
George, Daniel : *A Book of Anecdotes Illustrating Varieties of Experience in the Lives of the Illustrious and the Obscure*, Hulton Press, 1957.
Giacomotto-Charra, Violaine : « Figures d'autorité, tradition médiévale et pratique auctoriale dans le *De Subtilitate* de Jérôme Cardan », in *R.H.R.* n°71, juin 2011.
Golinski, Jan : « Robert Boyle : scepticism and authority in seventeenth-century chemical discourse », in Andrew Benjamin, Geoffrey Cantor et John Christie (éd.), *The Figural and the Literal: Problems of Language in the History of Science and Philosophy*, 1630-1800, Manchester University Press, Manchester, 1987.
Grafton, Anthony : *Cardano's Cosmos. The World and Works of a Renaissance Astrologer,* Cambridge / London, Havard University Press, 1999.
Greenblatt, Stephen : *Marvellous Possessions : The Wonder of the New World*, Clarendon Press, Oxford, 1990.

Guerrier, Olivier (éd.) : *Moralia et Œuvres morales à la Renaissance*, Paris, Champion, 2008.

Guerrier, Olivier : « La fortune providentielle : lectures de Plutarque au XVIe siècle (II) », consultable en ligne : http://www.cesr.univ-tours.fr/Publications/HasardetProvidence.

Harwood, John T. : « Rhetoric and Graphics in *Micrographia* », in *Robert Hooke : New Studies*, éd. Michael Hunter and Simon Schaffer, Boydell, Woodbridge, Suffolk, 1989.

Jardine, Lisa, Alan Stewart : *Hostage to Fortune : the Troubled Life of Francis Bacon 1561-1626*, New York, Hill and Wang, 1999.

Jourde, Michel : « Mort ou vif ? Modes de conservation et connaissance des animaux à la Renaissance : le jardin, le cabinet, la volière », *Cahiers V.-L. Saulnier*, n° 25, 2008 (« Le théâtre de la curiosité »), pp. 123-138.

Jourde, Michel : « Rire des bêtes : l'ivresse du perroquet », dans *Rire à la Renaissance*, Actes du colloque de Lille, 6-8 novembre 2003, dir. Marie-Madeleine Fontaine, Genève, Droz, 2010, pp. 181-193.

Koselleck, Reinhart : « *Historia magistra vitae*. Über die Auflösung des Topos im Horizont neuzeitlich bewegter Geschichte », dans *Natur und Geschichte. Karl Löwith zum 70. Geburtstag*, éd. Hermann Braun et Manfred Riedel, Stuttgart-Berlin, 1967.

Koyré, Alexandre : « Galilée et l'expérience de Pise. À propos d'une légende », *Études d'histoire de la pensée scientifique*, Paris, Gallimard, 1966 [*Annales de l'université de Paris*, 1937],

Kris, Ernst, Otto Kurz, *L'Image de l'artiste. Légende , mythe et magie. Un essai historique* [1934] [*Legend, Myth, and Magic in the Image of the Artist*, Yale University Press New Haven and London, 1979], trad. M. Hechter, préf. E. H. Gombrich, Paris, Rivages, 1987.

Lausberg, Heinrich : *Handbuch der literarischen Rhetorik : eine Grundlegung der Literaturwissenschaft*, München, M. Hueber, 1973.

Lecercle, François (dir.) : *L'Anecdote dans les traités démonologiques*, Genève, Droz, 2012.

Lecercle, François, Sophie Marchand et Zoé Schweitzer (dir.) : *Anecdotes dramatiques. De la Renaissance aux Lumières*, Paris, PUPS, 2012.

Lecercle, François, Emmanuelle Hénin et Lise Wajeman (dir.) : *La théorie subreptice, III. Anecdotes picturales de la Renaissance aux Lumières*, Turnhout, Brepols, 2010.

Le Ru, Véronique : *Voltaire newtonien : le combat d'un philosophe pour la science*, Paris, Vuibert, 2005.

Licoppe, Christian : *La Formation de la pratique scientifique. Le discours de l'expérience en France et en Angleterre (1630-1820)*, Paris, La Découverte, 1996.

Marchitello, Howard : *Narrative and Meaning in Early Modern England*, Cambridge University Press, 1997.

Merton, Robert King : *Éléments de théorie et de méthode sociologique* [*Social theory and social structure*, 1957], trad. Henri Mendras, Saint-Pierre-de-Salerne, G. Monfort, 1965.

Montandon, Alain : Préface à *L'Anecdote*, actes du colloque de Clermont-Ferrand (1988), Clermont-Ferrand, Publ. de l'Université Blaise Pascal, 1990.

Moss, Ann : *Printed Commonplace-Books and the Structuring of Renaissance Thought*, Oxford, Clarendon Press, 1996.

Naïs, Hélène : « Pierre Belon et la poésie française (1550-1560) », dans *Actes du colloque Renaissance - Classicisme du Maine, Le Mans, 1971*, Paris, Nizet, 1975, pp. 141-160.

Nash, Cristopher : *Narrative in Culture:The Uses of Storytelling in the Sciences, Philosophy and Literature*, Routledge, London and New York, 1990.

Nuttall, A. D. : *A New Mimesis: Shakespeare and the Representation of Reality*, Londres et New York, Methuen, 1983.

Ogilvie, Brian W. : *The Science of Describing. Natural History in Renaissance Europe*, Chicago – London, University of Chicago Press, 2006.

Ogilvie, Brian W. : « Natural History, Ethics, and Physico-Theology », dans *Historia. Empiricism and Erudition in Early Modern Europe*, éd. Gianna Pomata et Nancy G. Siraisi, Cambridge (Mass.) – London, MIT Press, 2005.

Passeron, Jean-Claude, Jacques Revel : « Penser par cas, Raisonner à partir de singularités », *Penser par cas*, dir. Jean-Claude Passeron, Jacques Revel, Paris, Éd. de l'École des hautes études en sciences sociales, 2005.

Pastoureau, Michel : *Les Animaux célèbres*, Paris, Arléa, 2008.

Pelseneer, Jean : *La pomme de Newton*, Bruxelles, « Ciel et Terre », Vol. 53, 1937.

Pigeard de Gurbert, Guillaume : *Si la philosophie m'était contée, de Platon à Gilles Deleuze*, Paris, Librio, 2000.

Pinon, Laurent : « Gessner and the Historical Depth of Renaissance Natural History », dans *Historia. Empiricism and Erudition in Early Modern Europe*, éd. Gianna Pomata et Nancy G. Siraisi, Cambridge (Mass.) – London, MIT Press, 2005, pp. 241-267.

de Planhol, Xavier : *L'Homme et la grande faune : une zoogéographie historique*, Paris, Fayard, 2004.

Popkin, Richard H. : *The History of Scepticism from Erasmus to Spinoza*, Berkeley, CA, University of California Press, 1979.

Rees, Graham : « An Unpublished Mansucript by Francis Bacon: *Sylva Sylvarum* Drafts and Other Working Notes », *Annals of Science*, 38 (1981), 377-412.

Schäfer, Rudolph : *Die Anekdote : Theorie-Analyse-Didaktik,* München, Oldenbourg Verlag, 1982.

Schmitt-Pantel, Pauline : « Anecdotes et histoire chez Plutarque. Etat de la question et interrogations », *Europe*, n° 945-946, « Historiens de l'antiquité », janvier-février 2008, pp. 238-251.

Scholar, Richard : *Le Je-ne-sais-quoi: enquête sur une énigme*, traduit par Thomas Constantinesco, Paris, PUF, 2010.

Serjeantson, Richard W. : « Proof and Persuasion », *The Cambridge History of Science*, dir. Katherine Park et Lorraine Daston, vol. 3, Cambridge University Press, 2006.

Sgard, Jean : « Problèmes théoriques de la biographie », *L'histoire au* XVIIIe *siècle, Colloque d'Aix-en-Provence, mai 1975*, Aix, Edisud, 1980.

Sirinelli, Jean-François : *Plutarque de Chéronée, un philosophe dans le siècle*, Paris, Fayard, 2000.

Shapin, Steven : « Pump and Circumstance : Robert's Boyle Literary Technology, *Social Studies of Science*, n°14, 1984, p. 41-51.

Shapin, Steven : « The House of experiment in Seventeenth-Century England », dans *The Scientific Enterprise in Early Modern Europe : readings from « Isis »*, éd. Peter Dear, Chicago/London, University of Chicago press, 1997, p. 273-304.

Shapin, Steven, Simon Schaffer : *Léviathan et la pompe à air : Hobbes et Boyle entre science et politique* [*Leviathan and the Air-pump : Hobbes, Boyle, and the Experimental Life*, Princeton, Princeton University Press, 1985], trad. Thierry Piélat et Sylvie Barjansky, Paris, Ed. la Découverte, coll. « Textes à l'appui. Anthropologie des sciences et des techniques », 1993.

Shapiro, Barbara : « Testimony in Seventeenth-Century English Natural Philosophy: Legal Origins and Early Development », *Studies in History and Philosophy of Science*, 33 (2002).

Stierle, Karlheinz : « L'histoire comme exemple, l'exemple comme histoire. Pour une pragmatique et une poétique du texte narratif », *Poétique*, 10, 1972.

Sturel, René : *Jacques Amyot, traducteur des* Vies parallèles *de Plutarque*, Genève, Slatkine reprints, 1974.

Sutton, Geoffrey : *Science for a Polite Society: Gender, Culture, and the Demonstration of Enlightenment*, Westview Press, Boulder and Oxford, 1995.

Tournon, André : *Montaigne: la glose et l'essai*, Lyon, Presses Universitaires de Lyon, 1983.

Tunstall, Kate E. : « L'aveugle qui suit l'aveugle qui suit l'aveugle qui suit l'aveugle: la philosophie intertextuelle de la *Lettre sur les aveugles* », *in L'Aveugle et le philosophe ou Comment la cécité donne à penser*, sous la direction de Marion Chottin, Paris, Publications de la Sorbonne, 2009, pp. 63-82.

Tunstall, Kate E. : « Pré-histoire d'un emblème des Lumières: l'aveugle-né de Montaigne à Diderot », *in Les Lumières en mouvement: la circulation des idées au XVIII*[e] *siècle*, sous la direction d'Isabelle Moreau, Lyon, ENS éditions, 2009, pp. 159-172.

Welsh, Alexander : *Strong Representations: Narrative and Circumstantial Evidence in England*, John Hopkins University, 1992.

Yeo, Richard : « Ephraim Chambers's *Cyclopædia* (1728) and the Tradition of Commonplaces », *Journal of the History of Ideas* (1996) 57(1): 157-75.

Zucker, Arnaud : *Aristote et les classifications zoologiques*, Louvain-la-Neuve, Peeters, 2005.

natur, wissenschaft und die künste
nature, science et les arts
nature, science and the arts

Edited by

Julia Burbulla, Bernd Nicolai, Ana-Stanca Tabarasi-Hoffmann,
Philip Ursprung & Wolf Wucherpfennig

Nature, Science and the Arts is an international scholarly series dealing with the history of cultural interplay between arts, humanities, natural sciences and technology, both on the level of theoretical reflection and in artistic enunciations. It is not restricted to any particular epoch, society, medium or region. By publishing contributions to this new interdisciplinary research area, the series illuminates the traditional connection between two ways of interpreting the world, a connection that has been largely marginalized since Wilhelm Dilthey's strict dissociation between humanities and natural sciences.

Vol. 1 Julia Burbulla
Allumfassende Ordnung. Gartenkunst und Wissenschaft in Gotha unter Ernst II. von Sachsen-Gotha-Altenburg (1772–1804).
ISBN 978-3-0343-0038-4. 2010.

Vol. 2 James King
Beyond *The Great Wave*. The Japanese Landscape Print, 1727–1960.
ISBN 978-3-0343-0317-0. 2010.

Vol. 3 Sabine Flach, Daniel Margulies & Jan Söffner (eds)
Habitus in Habitat I. Emotion and Motion.
ISBN 978-3-0343-0530-3. 2010.

Vol. 4 Sabine Flach & Jan Söffner (eds)
Habitus in Habitat II. Other Sides of Cognition.
ISBN 978-3-0343-0531-0. 2010.

Vol. 5 Glon Emmanuelle
Cinéma dans la Tête. L'esthétique du film à la lumière des neurosciences.
ISBN 978-3-0343-0603-4. 2011.

Vol. 6 Julia Burbulla & Ana-Stanca Tabarasi-Hoffmann (Hg.)
Gartenkunst und Wissenschaft. Diskurs, Repräsentation, Transformation seit dem Beginn der Frühmoderne.
ISBN 978-3-0343-0547-1. 2011.

Vol. 7 Dorothea Baumann
Music and Space. A systematic and historical investigation into the impact of architectural acoustics on performance practice, followed by a study of Handel's Messiah.
ISBN 978-3-0343-0615-7. 2011.

Vol. 8 Joerg Fingerhut, Sabine Flach & Jan Söffner (eds)
Habitus in Habitat III. Synaesthesia and Kinaesthetics.
ISBN 978-3-0343-0532-7. 2011.

Vol. 9 Sixto Castro & Alfredo Marcos (eds)
The Paths of Creation. Creativity in Science and Art.
ISBN 978-3-0343-0511-2. 2011.

Vol. 10 Itay Sapir
Ténèbres sans leçons. Esthétique et épistémologie de la peinture ténébriste romaine 1595-1610.
ISBN 978-3-0343-0635-5. 2012.

Vol. 11 Frédérique Aït-Touati & Anne Duprat (éds)
Histoires et Savoirs. Anecdotes scientifiques et sérendipité aux XVIe et XVIIe siècles.
ISBN 978-3-0343-0599-0. 2012.

FSC
www.fsc.org
MIX
Papier | Fördert gute Waldnutzung
FSC® C083411

Kolibri 360 GmbH
Ferdinand-Jühlke-Straße 7
99095 Erfurt, Deutschland
produktsicherheit@kolibri360.de